高等院校艺术设计专业应用技能型系列教材

BOOK DESIGN

书籍设计

主　编◎宋　珊
副主编◎王　颖　罗　希
　　　　林　楠

重庆大学出版社

图书在版编目（CIP）数据

书籍设计 / 宋珊主编. --重庆 ：重庆大学出版社，2018.8（2023.12重印）

高等院校艺术设计专业应用技能型系列教材

ISBN 978-7-5689-0694-4

Ⅰ. ①书… Ⅱ. ①宋… Ⅲ. ①书籍装帧—设计—高等学校—教材 Ⅳ. ①TS881

中国版本图书馆CIP数据核字（2017）第181388号

高等院校艺术设计专业应用技能型系列教材

书籍设计

SHUJI SHEJI

主 编 宋 珊

副主编 王 颖 罗 希 林 楠

策划编辑：席远航 蹇 佳

责任编辑：杨 敬　　版式设计：原豆设计

责任校对：谢 芳　　责任印制：赵 晟

重庆大学出版社出版发行

出版人：陈晓阳

社 址：重庆市沙坪坝区大学城西路21号

邮 编：401331

电 话：（023）88617190　88617185（中小学）

传 真：（023）88617186　88617166

网 址：http://www.cqup.com.cn

邮 箱：fxk@cqup.com.cn（营销中心）

全国新华书店经销

重庆长虹印务有限公司印刷

开本：787mm × 1092mm　1/16　印张：6.75　字数：176千

2018年8月第1版　　2023年12月第4次印刷

ISBN 978-7-5689-0694-4　　定价：49.00元

前　言 / PREFACE

随着时代的发展与进步，社会对应用型人才的需求加大，特别是艺术设计专业，既[illegible]提升学生的审美能力，又要求其技术熟练。因此，原有教材已无法满[illegible]新要求与新目的。本新编教材力图填补这一方面的空缺；同时，[illegible]实践相结合，培养技术应用型人才。

[illegible]作为艺术设计（视觉传达艺术设计方向）专业一门极为重要的课程，[illegible]学要求综合性强、材料繁多。目前市面上大部分有关书籍设计的教材的理论与观念相对落后，没有结合时代的需要进行编写。例如，大部分书籍装帧教材仅重视基础知识，缺少适当的延伸，且多是以理论知识为主，没有体现对实际操作技能的重视。本教材着重于本专业所需，希望能提高本专业学生所需要的技能。因此，增加了书籍结构案例、书籍制作实践等内容，让学生有更多的时间在实践中学习、成长，掌握并应用相关知识。

本教材的特点在于将书籍设计与书籍装帧设计进行区分，与以往的教材中书籍设计和书籍装帧设计不分有所区别。全书的内容结构针对书籍设计的整体流程顺序来进行编排，其中，第3章和第7章为本教材的重点章节。第3章详细地介绍了书籍设计中的各个部分和书籍结构，能让学生在直观明确地了解书籍的相关内容后，再进行设计。第7章的课程实录则将课堂上的一些讨论环节、草图呈现、制作环节等内容展现在书中，让学生能够了解这门课程的特点。现在使用的教材多缺少这种过程性的展示环节，而这些过程性环节的展示可以让学生在上课过程中体会到更强的参与感，从而与传统教材中采用的说教式的教授方式有所区别。

本教材作者作为教学的第一线教师，在汇集了大量的教学实践经验及在教学中的感悟后，完成了本教材的编写工作，希望能与同为第一线教师的各位教育界同人共同讨论、共同进步。

编　者

2018年1月

目 录 / CONTENTS

1　书籍设计之道

1.1 书籍设计的概念

1.1.1 书籍设计的概念

书籍设计是一种新的对书籍进行立体整合的设计思维模式，它如同建筑设计一样，是注入时间概念、塑造三维空间的书籍“建筑”。这样的三维书籍设计思维将书籍作为一种三维作品立体地呈现在读者面前。它不仅仅只是创造一本书籍的形态，更重要的是读者在通过眼睛看到、手触摸到、翻阅中嗅到油墨的味道并体会到书籍内容意味的整体过程中，与书产生互动，从中得到整体的感受和启迪。

与以往书籍装帧设计不同，书籍设计（Book Design）包含3个层面：装帧、编排设计、编辑设计。书籍设计的真正含义应该是三位一体的整体设计概念。

书籍设计过程应包括7个方面。

①沟通设计意向，即设计者首先要与作者和编辑共同探讨本书的主题内容。这是必不可少的一个环节，但由于很多原因，该环节现在常常被忽略或是没能引起足够的重视。

②确定设计形态和风格定位。在前期设计中，设计者根据文本内容、读者对象、成本规划和设计要求来确立相应的书籍形态与风格表现，这是非常重要的一个环节，能够在后期设计中对整体效果进行把关。

③创意思维体现。设计者根据前面两个环节的内容，将书籍内容通过视觉符号、画面等形式传达出来，提出有创意的想法，对书籍内容的图文原稿提出具体的质量要求，整理设计创意。

④视觉设计。此环节要将最重要的视觉设计意象表现出来，即对书籍的封面、结构、内页等进行全方位的设计，将创意思维表现为实在的视觉可视形象。

图1-1

⑤具体物化优化设计。在这一环节中，设计者将视觉设计的内容制订出具体的物化方案，其中包括对装帧材料、印刷工艺与印刷效果的选择。

⑥审核检验。它包括本书最终的设计表现、印制质量和成本定价，同时对书籍的可读性、可视性、愉悦性功能进行整体检验。

⑦反馈完善。完成该书在销售流通中的宣传页或海报视觉形象设计，跟踪读者反馈，以利于再版（图1-1—图1-5）。

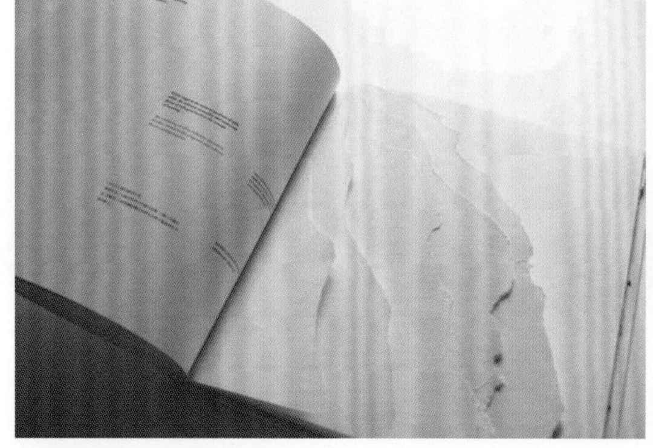

图1-2

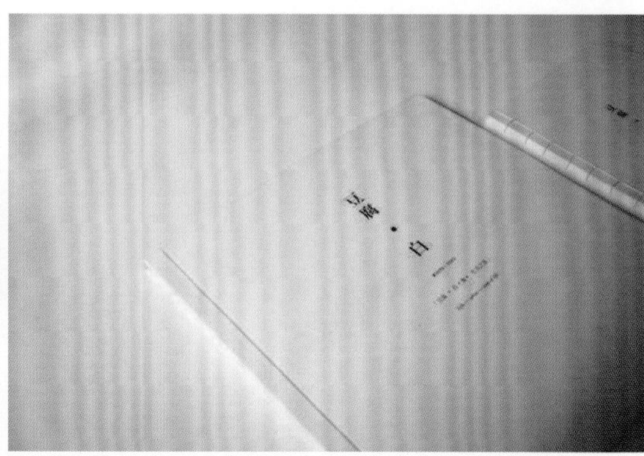

图1-3

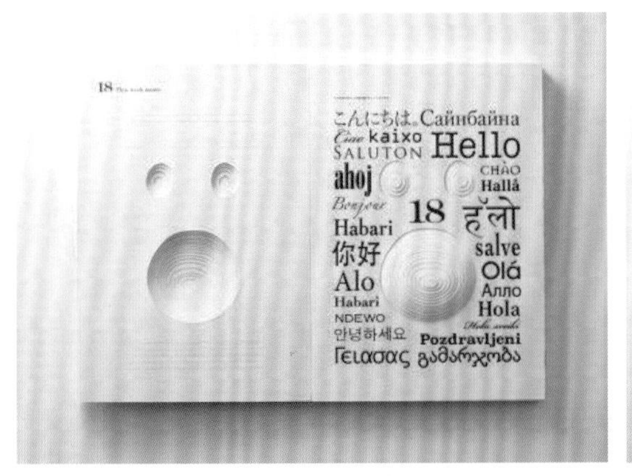

图1-4

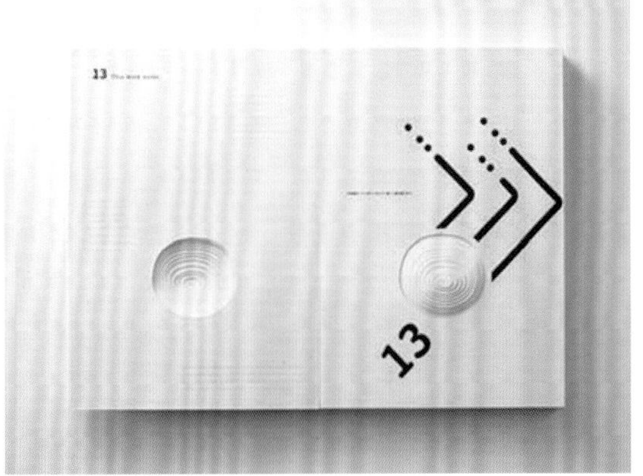

图1-5

1.1.2 书籍设计与书籍装帧设计的区别

在中国古代用语中没有“装帧”这个词，据传此词是在20世纪初由日本引入中国，至今还不到一百年。装帧也称为“装丁”“装钉”“装订”，在我国均用“装帧”一词。装帧是指书籍的制作，是对一本书能够便于阅读和保存的装订方法及对书的创意运作。它通常指对书籍的函盒、封面、环衬、扉页的设计，同时对纸张、材料、印刷、装订的方式进行选择，以达到构成书的形态设想的目的。

我国古代把简牍用丝革编联成（策）册，这已具有书籍装帧的形式。历代以来，随着生产的发展，书籍装帧形式也出现了很多变化。在周代，已有卷轴形式的帛书；造纸术及印刷术发明后，先后出现过经折装、旋风装、蝴蝶装、包背装、线装等形式；现代通用的装帧方法有穿线订、平订、铁丝订、骑马订、无线装订等。由此可见，装帧仍然停留在装潢、装饰的层面，即为书籍进行打扮。当然，中国有许多优秀的设计家并不满足于停留只为书籍作打扮的层面，他们排除各种困难，创作出许多经典的传世之作。但受那时社会环境、经济条件、出版体制、观念意识等诸多因素的影响，设计师不能充分发挥他们的才智和创造力；更由于装帧原意中仅有对装潢、加工含义的解读，而无法对书籍注入全方位的整体设计理念，使其仅仅停留在增加吸引力和艺术表现力的层面上，致使他们的创意和劳动价值难以得到完善、如实地展现和认同。中国改革开放以来，新的信息载体传播态势已要求改变这一局面。一方面，要改变观念，认识到装帧概念的时代局限性；另一方面，作为书籍设计者，应与文本著作者一样，是书卷文化和阅读价值的共同创造者。因此，书籍设计者一定能以新的理念，付出心力和智慧，展现出中国书籍艺术的魅力。

书籍设计是为完成书籍而对其进行的包含诸要素的综合性和立体性的设计，其要点如下：

①主题意境内涵的要素。以作者的文本和编辑者的构想为基础的要素。

②视觉要素。文字组合和图像视觉化的有效传达要素。

③材料要素。纸及其他材质等应用要素。

④生产要素。印前、印刷、装订加工等方法的制订要素。

⑤销售要素。书店及推销商的全面推广宣传要素。

⑥阅读与保存要素。容易阅读、易于保存方面的要素。

书籍设计是在对以上6个相互关联的要素进行综合性、系统化思考的同时，对书籍整体进行由内到外的全面策划与设计。由此可见，书籍设计应是在充分理解信息内容的同时，对封面、环衬、扉页、序言、目次、正文体例等进行传达风格、节奏层次的把握，以及对文字、图像、空白、饰纹、线条、标记、页码等内在组织体例进行有条理的视觉再现。书籍设计者将从无到有、从时间到空间、从抽象到具象、从逻辑思考到空间想象，把这一富有创造力的活动和对秩序进行控制的过程通过书籍的形态表达出来（图1–6—图1–10）。

图1–6

图1–7

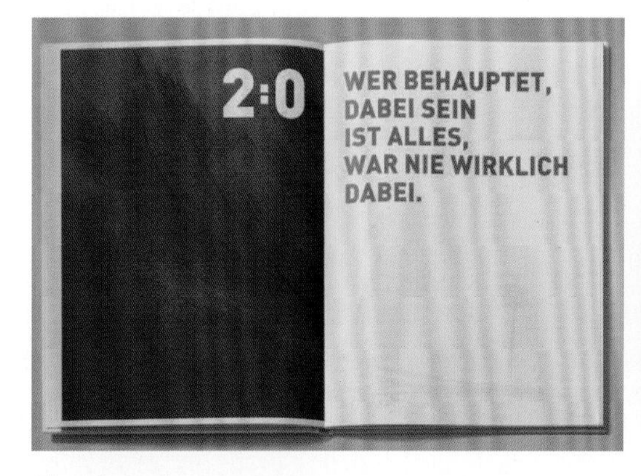

图1–8

图1–9

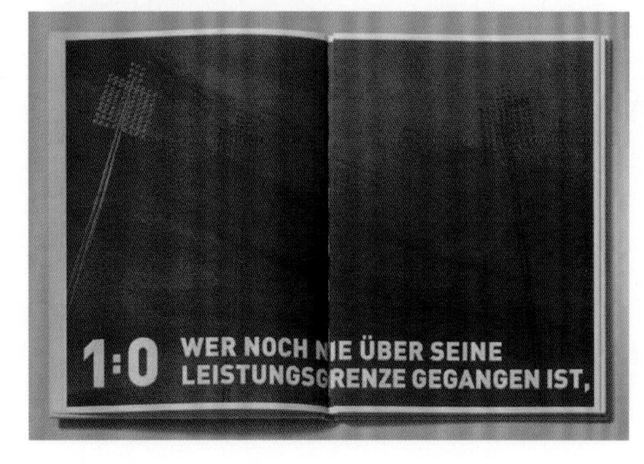

图1–10

虽然一本书的设计会因为文本内容而受到限制，但书籍设计绝非只是对书籍内容的简单解说和包装。作为书籍设计者，应该对书中的深层次内容进行挖掘，对书籍所传达的主题旋律进行寻觅。然后，对整个书籍设计进行节奏层次的把握，在空间中体现时间，推敲读者翻阅、品味的行为，捕捉住表达全书内涵的各类要素——严谨的文字排列、准确的图像、留有想象空间的留白、富有动感的节奏韵律、个性化的材料、舒适的色彩搭配以及准确的印刷工艺。

书籍设计应该具有与文本内容相对应的价值，书籍应该成为读者与作者共鸣的精神栖息地，这才是设计书的目的。一本设计理想的书应体现和谐、对比之美。和谐，为读者创造精神需求的空间；对比，则是营造视觉、触觉、听觉、嗅觉、味觉五感融合之美的舞台。好书，令人爱不释手，读来有趣、有益；好书，是内容与形式、艺术与功能相融合的读物，最终达到让读者体味书中文化意韵的最高境界，从而让读者插上想象的翅膀，在想象的空间中遨游、驰骋（图1-11—图1-14）。

图1-11

图1-12

图1-13

图1-14

1.2 书籍设计的历史

1.2.1 书籍设计的起源

书是什么？书，是人类文明的伟大标志，是人类智慧、意志、理想的最佳体现，是人类表达思想、传播知识、积累文化的物质载体；装帧艺术则是针对这个物质载体的结构和形态进行设计，是人类智慧所创造的“第二个自然界”。

我们谈到书籍，就不能不谈到文字，文字是书籍的第一要素。中国自商代起就已出现较成熟的文字——甲骨文。从甲骨文的规模和分类上看，那时已出现了书籍的萌芽。到周代，中国文化进入第一次勃兴时期，各种流派和学说层出不穷，形成了百家争鸣的局面，而作为文字载体的书籍，也出现了很多。周代时，甲骨文已经向金文、石鼓文发展。后来，随着社会经济和文化的逐步发展，又完成了大篆、小篆、隶书、草书、楷书、行书等文字体的演变。另外，中国古代四大发明中的造纸术与印刷术也对书籍的发展起到了重要的作用。造纸术的发明，使得纸张变得轻便、灵活而便于装订成册；印刷术的发明，则使得书籍传播得更为快捷和广泛。这些发明和变化，将书籍的材质和形式逐渐完善起来。

1.2.2 中国书籍形态演变历程

1）甲骨

通过考古发现，在河南“殷墟”出土了大量的刻有文字的龟甲和兽骨，这就是迄今为止我国发现最早的作为文字载体的材质。甲骨上所刻文字纵向成列，每列字数不一，皆随甲骨形状而定。由于甲骨文的字形尚未规范化，字的笔画繁简悬殊，刻字大小也不一，所以横向难以成行（图1–15）。后来，虽然在陶器、岩石、青铜器和石碑上也发现有文字刻画，但与书籍形式相去甚远，故在此不做详细叙述。

2）玉版

《韩非子·喻老》中有“周有玉版”的记载；又据考古发现，周代已经使用玉版这种高档的材质书写或刻画文字了。由于其材质名贵，用量并不是很多，多在上层社会中使用。

3）竹简木牍

中国正规书籍的最早载体是竹和木头。把竹子加工成统一规格的竹片，再放置在火上烘烤，蒸发掉竹片中的水分，防止日久被虫蛀和变形。然后，在竹片上书写文字，这就是竹简。竹简再以革绳相连成“册”，称为“简策”。这种装订方法，成为早期书籍装帧中比较完整的形态，已经具备了现代书籍装帧的基本形式。另外，还有木简的使用，方式方法同竹简。牍，则是用于书写文字的木片。与竹简不同的是，木牍以片为单位，一般着字不多，多用于书信。《尚书·多士》中说“惟殷先人，有典有册”，从其所用材质和使用形式上看，在纸出现和被大量使用之前，它们是主要的书写工具。书的称谓大概就是从西周的简牍开始的，今天有关书籍的名词术语以及书写格式和制作方式，也都是承袭简牍时期形成的传统。当时欧洲盛行古抄本，所用材质则多是树叶、树皮等。由于年代久远，竹木材质难以保存长久，所以现在我们已经很难看到那些古籍了，就是在博物馆也难得一见完整的简策（图1–16）。现在有的出版社模仿古代简策制作的如《孙子兵法》《史记》等传统经典著作，多作为礼品或用以收藏，不属大众普及读物。即使如此，简策作为书籍装帧设计的一种形式，对其了解一二也是很有必要的，这有助于我们学习和借鉴优秀的传统文化与手法。

4）缣帛

缣帛，是丝织品的统称，与今天的书画用绢大致相同。在先秦文献中有很多用缣帛作为书写材料的记载，《墨子》中提到“书于竹帛”，《字诂》中说“古之素帛，以书长短随事裁绢”。可见缣帛质轻、易折叠、书写方便，尺寸长短可根据文字的多少裁成一段，再卷成一束，称为“一卷”。缣帛常作为书写材料，与简牍同期使用。自简牍和缣帛作为书写材料起，这种形式就被书籍史学家认为是真正意义上的书籍了。

5）纸

据文献记载和考古发现，我国西汉时就已经出现了纸。《后汉书·蔡伦传》中载：“自古书契多编竹简，其用缣帛者谓之纸，缣贵而简重，并不便于人。蔡伦创意，用树肤、麻头、蔽布、渔网以为纸。元兴元年（105）奏上之。帝善其能，自是莫不以用焉，故天下咸称'蔡伦纸'。"古人认为，造纸术是东汉蔡伦所发明，其实在他之前，中国已经发明了造纸技术，他只是改进并提高了造纸工艺。到魏晋时期，造纸技术的用材、工艺等进一步发展，几乎接近了近代的机制纸。到东晋末年，已经正式确定以纸取代简、缣作为书写用品。最早的西方文明起源于古希腊的米诺亚文化，它又受古埃及人的影响。当时古埃及的主要书写材料用纸莎草制成，在很长时间内，西方很多国家都用这种纸。中世纪以后，羊皮纸代替了它。羊皮纸的出现，给欧洲的书籍形式带来了巨大变化。如果只强调书籍是文字的载体这一概念，以此来为书籍下定义的话是不够的。石碑刻有精美的文字，布局可谓考究，大多还装饰以纹饰，标题、正文、落款等也有书的形式。但是，石碑过于庞大，不易移动和传播交流，与真正意义上的书籍难以相提并论。为何纸的出现便能迅速替代其他载体呢？皆因纸张轻便、灵活和便于装订成册，使得以纸为载体的书籍才能真正谓之为书。

图1-15

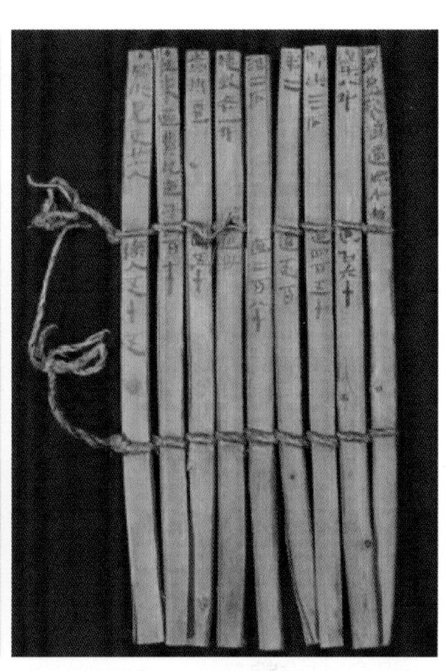

图1-16

中国的四大发明中有两项发明对书籍装帧的发展起到了至关重要的作用，那就是造纸术和印刷术。东汉时期纸的发明，确定了书籍的材质；隋唐时期雕版印刷术的发明，促成了书籍的成型，这种形式一直延续到现代。印刷术替代了繁重的手工抄写方式，缩短了书籍的成书周期，大大提高了书籍的品质和数量，从而推动了人类文化的发展。在这种情况下，书籍的装帧形式也几经演进，先后出现了卷轴装、经折装、旋风装、蝴蝶装、包背装、线装、简装和精装等形式。

（1）卷轴装

欧阳修在《归田录》中说："唐人藏书，皆作卷轴。"可见在唐代以前，纸本书的最初形式仍是沿袭帛书的卷轴装（图1-17）。卷轴装的轴通常是一根有漆的细木棒，也有的采用珍贵的材料，如象牙、紫檀、玉、珊瑚等。卷的左端卷入轴内，右端

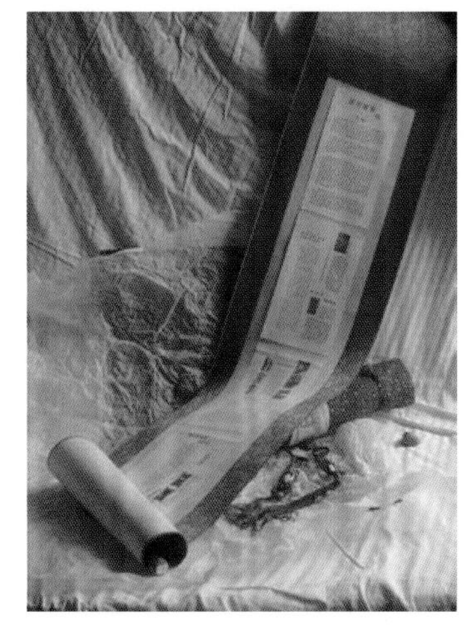

图1-17

在卷外，前面装裱有一段纸或丝绸，叫作镖。镖头再系上丝带，用来缚扎。卷轴装的纸本书从东汉一直沿用到宋初。卷轴装书籍形式的应用，使文字与版式更加规范化，做到行列有序。与简策相比，卷轴装舒展自如，可以根据文字的多少随时裁取，更加方便，一纸写完可以加纸续写，也可把几张纸粘在一起，称为“一卷”。后来，人们把一篇完整的文稿就称作“一卷”。隋唐以后中西方正是盛行宗教的时期，卷轴装除了记载传统经典、史书等内容以外，就是众多的宗教经文。在中国多是以佛经为主，西方也有卷轴装的形式，多是以《圣经》为主。卷轴装书籍形式发展到今天已不被采用，而在书画装裱中却仍在应用。

（2）经折装

经折装是在卷轴装的形式上改造而来的（图1-18、图1-19）。随着社会的发展和人们对阅读书籍的需求增多，卷轴装的许多弊端逐步暴露出来，已经不能适应新的需求，如看卷轴装书籍的中后部分时也要从头打开，看完后还要再卷起，十分麻烦。经折装的出现大大方便了阅读，也便于取放。具体做法是：将一幅长卷沿着文字版面的间隔中间，一反一正地折叠起来，形成长方形的一叠，在首末两页上分别粘贴硬纸板或木板。它的装帧形式与卷轴装已经有很大的区别，形状和今天的书籍非常相似，在书画、碑帖等装裱方面一直沿用到今天。有时，在旧物市场上偶尔会见到它的样子。

图1-18

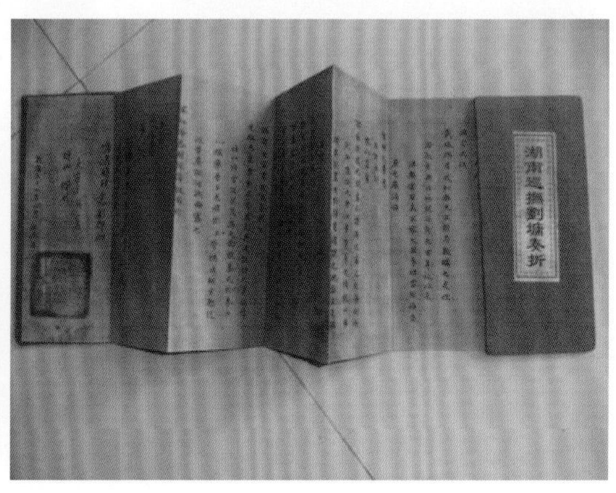

图1-19

（3）旋风装

旋风装也是在经折装的基础上加以改造而来的（图1-20—图1-22）。虽然经折装的出现改善了卷轴装的不利因素，但是由于长期翻阅会使折口断开，使书籍难以长久保存和使用。所以，人们把写好的纸页按照先后顺序，依次相错地粘贴在整张纸上，类似于房顶贴瓦片的样子。这样，翻阅每一页都很方便。但是，它的外部形式跟卷轴装还是区别不大，仍需要卷起来存放。

（4）蝴蝶装

唐五代时期，雕版印刷已经趋于盛行，而且印刷的数量相当大，以往的书装形式已难以适应飞速发展的印刷业。经过反复研究，人们发明了蝴蝶装这一形式。蝴蝶装就是将印有文字的纸面朝里对折，再以中缝为准，把所有页码对齐，用糨糊粘贴在另一包背纸上，然后裁齐成书。蝴蝶装的书籍翻阅起来就像蝴蝶飞舞的翅膀，故称“蝴蝶装”（图1-23、图1-24）。蝴蝶装只用糨糊粘贴，不用线，却很牢固。可见古人在对书籍装订的选材和方法上善于学习前人经验、积极探索改进，积累了丰富的经验。今天，我们更应该以发展的眼光来思考未来书籍装帧的发展，学习前人的经验，改善和创造现代的装帧形式。

图1-20

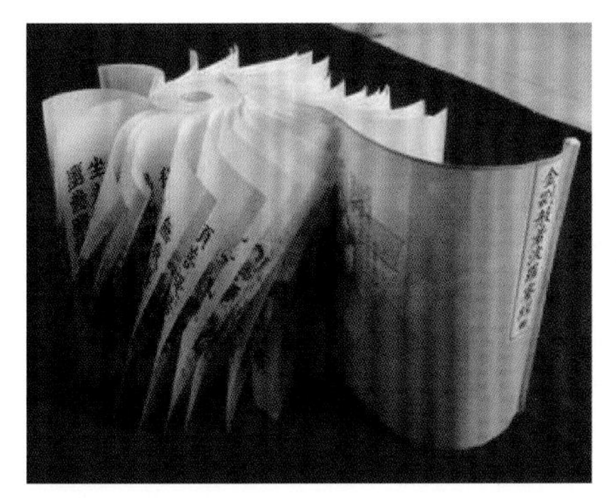
图1-21

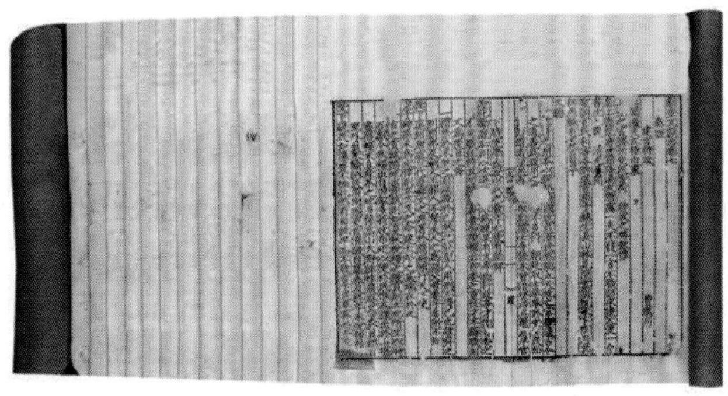
图1-22

图1-23

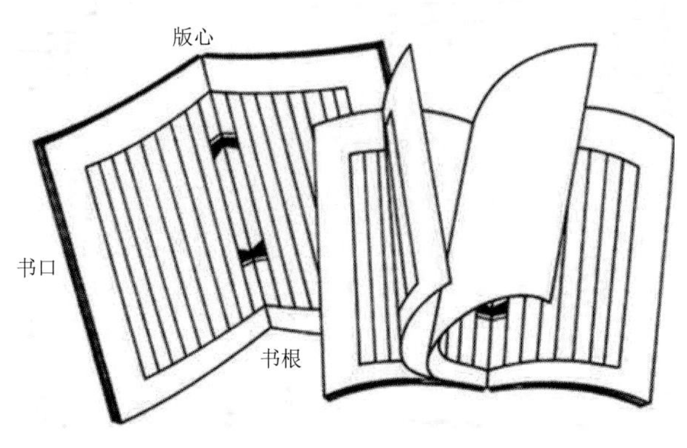

图1-24

（5）包背装

社会是发展的，事物是进步的，书籍装帧势必也要跟随社会发展的脚步不断改革创新才行。虽然蝴蝶装有很多方便之处，但也不很完善。因为文字面朝内，在翻阅两页的同时必须翻动两页空白页。张铿夫在《中国书装源流》中说："盖以蝴蝶装式虽美，而缀页如线，若翻动太多终有脱落之虞。包背装则贯穿成册，牢固多矣。”因此，到了元代，包背装取代了蝴蝶装。包背装与蝴蝶装的主要区别是对折页的文字面朝外、背向相对（图1–25、图1–26）。两页版心的折口在书口处，所有折好的书页叠在一起、戳齐折口，版心内侧余幅处用纸捻穿起来。用一张稍大于书页的纸贴书背，从封面包到书脊和封底，然后裁齐余边，这样，一册书就装订好了。包背装的书籍除了文字页是单面印刷且每两页书口处是相连的以外，其他特征均与今天的书籍相似。

图1–25

图1–26

（6）线装

线装是古代书籍装帧的最后一种形式（图1–27、图1–28）。它与包背装相比，书籍内页的装帧方法一样，区别之处在护封，是将两张纸分别贴在封面和封底上，书脊、锁线外露。锁线分为四、六、八针订法；有的珍善本需特别保护，就在书籍的书脊两角处包上绫锦，称为“包角”。线装是中国印本书籍的基本形式，也是中国古代书籍装帧技术中最富代表性的形式。线装书籍起源于唐末宋初，盛行于明清时期，流传至今的古籍善本颇多。

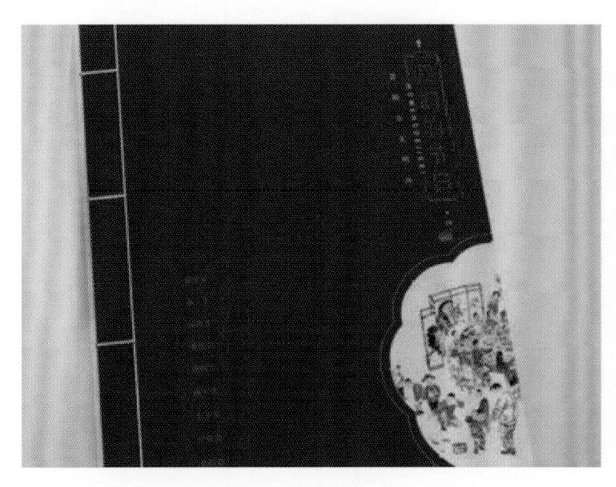

图1–27

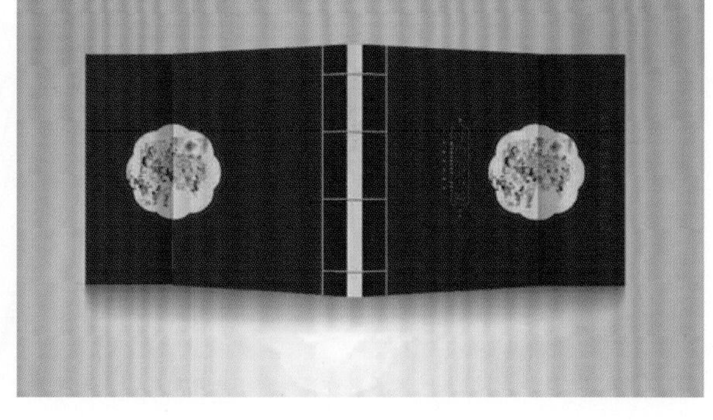

图1–28

（7）简装

简装，也称“平装”，是铅字印刷产生以后，近现代书籍普遍采用的一种装帧形式（图1–29）。简装书内页纸张双面印刷，大纸折页后把每个印张于书脊处戳齐，骑马锁线，装上护封后，除书脊外三边裁齐便可成书，这种方法称为“锁线钉”。锁线比较烦琐，成本较高，但是牢固，适合用于较厚或重点书籍，如词典。现在则大多采用先裁齐书脊然后上胶、不锁线的方法，这种方法称为“无线胶钉”。它经济快捷，却不牢固，适合于较薄或普通书籍。在20世纪二三十年代到五六十年代，很多书籍都是用铁丝双钉的形式。另外，对一些更薄的册子，将其内页和封面折在一起，直接在书脊折口穿铁丝，称为“骑马订”。但是，因为铁丝容易生锈，故不宜长久保存。

图1-29

1.2.3 西方书籍形态演变历程

1）纸莎草纸卷轴

公元前3000年，埃及人发明了象形文字，并用芦苇笔书写在尼罗河流域湿地生产的纸莎草纸上，这是目前可知的书籍的古老形态之一。这种纸做成书籍因为没有经过处理，所以会被虫蛀，不宜保存。这种纸在古地中海沿岸、古希腊、古罗马等地被广泛使用。

2）泥板书

这种书籍形式是用一种尖棒在泥板上刻写字迹，等到泥板干燥后烧成坚硬的字板，装进皮袋或箱子中，成为能一页一页重合的泥板书。

3）蜡板书

公元前2000多年，罗马人发明了蜡板书。这种书籍形态是在书本大小的木板中间开出一块长方形的宽槽，在宽槽里面填上蜡。再用铁制的尖笔来书写，书写完毕后在木板的一侧上下各挖一个小孔用线将其串起来，形成书的形式。这种书具有功能近似于今天书籍上封面和封底的两块木板，是一种很独特的书籍形态。其方便之处在于蜡板可以反复使用；不足之处是不能遇到高温，一遇高温就会熔化。

4）贝叶书

贝叶书，顾名思义就是在贝叶上书写而制成的书籍。在印度和缅甸的佛教圣地或图书馆里保存了许多的贝叶书。这种书籍的装帧形式与竹简类似，用细线一片一片串成。贝叶书必须使用特制的铁笔刻写，刻写好后在贝叶上涂抹煤油，字才会显现。装订成书时要磨光书边，然后用薄木板夹住贝叶，做封面和封底（图1–30）。

图1–30

5）羊皮纸

羊皮纸的出现给欧洲书籍形式带来了巨大变化，由于它比纸莎草纸薄而且更加结实，可以切割、两面书写，同时抗皱，因此大量使用在欧洲的书籍上。羊皮纸有两种形式，分别是卷轴和册籍，其中又以册籍的使用更为普及。这两种书籍形态共存了两三个世纪。

［小知识］ 现代书籍艺术之父——威廉·莫里斯

威廉·莫里斯（William Morris，1834年3月24日—1896年10月3日），英国工艺美术运动的领导人之一。他提倡“手工艺复兴运动”，亲自开办印刷厂，亲自进行设计、装订、出版。他出版了53种书籍，最具代表性的是《乔叟诗集》。他将文字、插图、版面、印刷作为一个整体进行设计，将他自己的手工艺理念体现出来。他设计的书籍简洁优雅，并且将书籍的外在美与内在美在精神和艺术上进行了统一。他对书籍设计的另一个贡献是号召其他的艺术家从事书籍设计的工作，为书籍艺术带来了多元的风格变化和先进的艺术思潮，表现主义、达达主义、未来主义、波普艺术、超现实主义和照相写实主义都在书籍的封面和插图中得以体现，为书籍艺术增添了新的艺术元素和表现形式（图1–31、图1–32）。

图1–31

图1–32

1.3 中国现代书籍装帧的发展

中国现代书籍设计随着五四文化运动而兴起，当时由于受到西方文化与印刷技术的影响，中国传统的书籍装帧形式得到改变，产生了与现代书籍相同的阅读方式与装订形式。当时对书籍艺术影响较大的人物有鲁迅、陶庆元、司徒乔、丰子恺等。

20世纪30年代，鲁迅将日本的书籍艺术带入中国，使中国的书籍艺术迈进了一大步。鲁迅设计的书籍既具有中国民族特色，又具有专业设计风范。他设计的书籍特点，一是朴素，很多书籍的封面都只有书籍名称与作者题签，其余留白不着一墨；二是喜欢使用汉代石刻图案做装饰；三是喜欢用毛边装订书籍；四是在版式上天头与地脚留得较宽，便于读者记录心得或评注。鲁迅先生对书籍装帧工作者是极为重视的，对书籍设计者的态度是爱护与尊重的，他设计的书籍封面上会在适当的位置放上设计者的名字，这样的做法也演变成了今天将书籍设计者的名字落在封面上的传统，为书籍设计者在出版界赢得了一席之地（图1–33—图1–35）。

1949年之后，出版行业迅猛发展，产生了从事书籍设计的专家与机构，我国书籍设计整体水平大为提高，其中以吕敬人先生的贡献最为突出。他提出书籍设计的形态学概念，为我们展现了全新的设计理念。他的设计作品温文儒雅，有着浓厚的传统风味；同时，又体现着简约的现代风格，广受国内外读者的欢迎。这种设计思想对现代书籍设计仍有很大的借鉴作用。现代社会的技术条件也已大大提高，许多新兴技术为书籍设计的发展带来契机。另外，古代分工较为模糊，设计者除设计封面、内页之外，还要对工艺进行指导和把握。因而尽管设计较为单调，但整体效果好。而现代社会分工越来越明确，不同的领域差别极大，设计师与作者、出版商、印刷厂之间配合不默契的现象时有发生，曾有一段时间，书籍设计仅仅停留在封面设计的层面上。面对这种设计混乱的现象，现代书籍设计师提出了“书籍形态学”的理念，即书籍设计不能只顾书的表皮，还要赋予其包含时空维度的全方位整体形态，将其贯穿、渗透于书籍中，这已是当今书籍设计的基本要求（图1–36）。

图1-33

图1-34

图1-35

图1-36

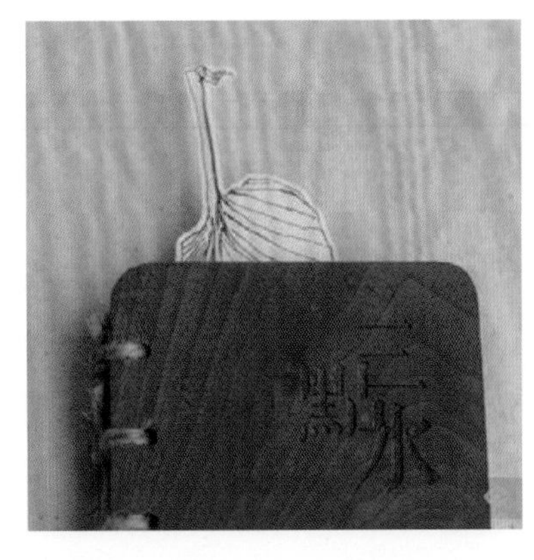
图1-37

现代书籍设计观念已极大地提升了书籍设计的文化含量，充分地扩展了书籍设计的空间。书籍设计由此从单向性向多向性发展，书籍的功能也由此发生革命性的转化：由单向性知识传递的平面结构向知识的横向、纵向、多方位的漫反射式的多元传播结构转化。

随着科学技术的发展，现代书籍设计不再如以往那样需要通过收盘式排字机来确定版面和版心的高、宽度，而只需面对计算机屏幕进行剪辑、平版等操作。计算机与软件的使用，让书籍设计者节约了大量的时间与精力，从而更好地投入开发书籍设计的创意工作。所以，今天我们手中的一本书籍，表面上看似与30年前无异，实际上在书籍产生与书籍印刷工艺上发生了翻天覆地的变化，计算机的使用对书籍设计而言，就是一场无声的革命（图1-37—图1-39）。

图1-38

图1-39

2　策划之行

2.1 书籍出版流程

在我国，出版一本书一般要经过7个流程。

2.1.1 选题上报

编辑通过市场调研，提出出版内容选题，再经过三级论证。三级论证由责任编辑、编辑室主任、总编辑和出版社社长（或出版社选题论证委员会）进行。最终，由出版社选题审核委员会审批通过，报省一级新闻出版局批准。

2.1.2 选题报批

省一级新闻出版局依据国家《出版管理条例》等法律、法规、政策对出版图书选题内容进行审批，确保有关选题符合国家有关规定，并报国家新闻出版广电总局备案。

2.1.3 组织稿件

编辑组织稿件主要有以下几种形式：直接与作者签约组织稿件，或委托作者（多为知名学者）代理组织稿件。每一种图书都应与作者签订出版合同，约定和保护作者与出版社双方的合作条件及权利。出版社拥有的是著作权人（作者）许可使用的专有出版权。出版合同通常包括著作权人允许出版社对其著作的使用范围、许可使用年限、出版社向作者支付报酬标准、付酬方式等内容。合同期限一般为3～10年。

出版社向作者支付稿酬一般有3种方式：基本稿酬加印数稿酬、版税和一次性付酬。基本稿酬加印数稿酬，指出版者按作品的字数，以千字为单位向著作权人支付一定报酬（即基本稿酬）；再根据图书的印数，以千册为单位按基本稿酬的一定比例向著作权人支付报酬（即印数稿酬）；作品重印时只付印数稿酬，不再付基本稿酬。版税，指出版者以“图书定价×发行数×版税率”的方式向著作权人付酬；版税率一般是3%～10%。一次性付酬，指出版者按作品的质量、篇幅、经济价值等情况计算一个确定现金数额的报酬，一次性向著作权人付清。

2.1.4 审稿、申报书号

审稿：审稿是编辑工作的重要组成部分。审稿实行“三审制”，对稿件进行三个级别的审查，即责编初审、编辑室主任复审和社长（总编辑）终审。三审后的书稿按齐、清、定的原则，发送出版社的出版生产部门，进入生产流程。

申报书号：出版社总编室负责向出版业务部申请书号、条码，并向国家新闻出版广电总局信息中心申请CIP（Cataloguing in Publication）数据，即图书在版编目数据，其规定了图书在版编目数据的内容、选取规则及印刷格式，包括书名、作者、出版社、版本、印张等。

每年12月，出版社将有关书号申请的各项材料，经由省级新闻出版局报送国家新闻出版广电总局，国家新闻出版广电总局核定下一年度发给出版社的书号数量。国家新闻出版广电总局将书号按核定数量经由省级新闻出版局发给出版社。出版社按照所得书号数量填写ISBN条码，制作申请单，报送国家图书条码中心制作相应条码。出版社也可根据需要，定期、不定期或随时向省级新闻出版局和国家新闻出版广电总局申请所需的书号。

在书号获批后，编辑人员填写“CIP数据申请表”，再由出版社总编室将“CIP数据申请表”报送国家新闻出版广电总局信息中心。国家新闻出版广电总局信息中心将编制完毕的CIP数据返给出版社，以备印载在图书上，作为版权保护的重要手段。

2.1.5 确定印数和定价

图书定价和印数由各出版社营销部连同责任编辑根据市场调研情况分析确定。定价主要参考因素为成本、图书印数、同类书市场价格及该书目标读者群的消费能力等。印刷数量的确定主要参考成本、定价及对该书销量的预测，一般每版图书的印刷数量划分为4种情况：3 000 ~ 4 000册，5 000 ~ 8 000册，8 000 ~ 10 000册，10 000册以上。一般来说，出版社主要采用较少印数、多次印刷策略，以降低经济风险，减少资金占用量，加快资金周转速度。

2.1.6 排版和印刷

有关书稿经总编辑终审签发后，由出版社的相关业务部门完成封面设计和版式设计，并负责安排印刷商排版、印刷。出版社将达到印制标准的书稿发送到排版单位，进行排版及制作校样。图书校样完成后，送出版社出版部进行校对，出版社将校对完的校样退回印刷厂，印刷厂按出版社所作的改动进行改版。这样反复3次，行业内称为“三校”。最后，经该书责任校对、责任编辑和出版部主任审定签字，交社长（或总编辑）签批，改红、出胶片，进行印制、装订。

2.1.7 发行和销售

各出版社出版的图书一般采用自办发行、独立发行、参加图书订货会等方式进行销售。自办发行是由出版社与零售书店签订协议，一般由出版社将成品书从印刷厂发运到各书店。

独立发行是由出版社根据资质情况选择发行商，并与发行商（主要为图书批发商）订立批发协议，一般由出版社将成品书从印刷厂运送到批发商的仓库，批发商将书发送至其下游客户，在约定期限内与出版社结清书款。独立发行方式的优势在于可以充分利用发行商广泛的发行渠道和较低的发行成本，且图书销售回款有较好的保证。独立发行又可以分为包销和经销，包销主要以学生课本和畅销书为主，一般不允许退货；经销则是以一般图书为主，通常允许退货。

书籍出版流程环环紧扣，经过各个环节，最终完成一本书籍的设计、出版、销售工作。

2.2 书籍设计流程

2.2.1 主题确立

一本书籍，主题是书的灵魂，好的选题要符合大众的需求与社会发展的需求，因此，可以寻找一定时期内阅读性强或者能引起读者共鸣的话题为书籍主题。书籍主题能为书籍整体设计带来灵感，书籍设计需要依附于书籍主题来进行构思设计，所以，书籍设计的第一步就是主题的确立。

以《中国民间工艺系列丛书》这套书籍的设计为例，该系列书籍既要体现出中国民族特色，又要符合现代人的审美习惯。要求其图文并茂，有一定的收藏价值，系列感强且个性鲜明。材质不限、设色不限、装帧形式不限，可在定价范围内作适当的创新设计（图2-1）（仅作设计理念展示，内容无关）。

2.2.2 元素捕捉

在书籍设计中一旦确立主题，就需要根据主题去挖掘元素，根据主题内容进行想象。想象出具体的形象，然后在具体形象的基础上进行精简与提炼，捕捉抽象的符号元素。这个符号元素一旦确定下来，则可使书籍整体视觉形象得到统一，让读者能够在阅读时形成秩序感。强调书籍设计的秩序感是为了确保书籍传达信息的准确度和贯穿性，给读者带来感官上的有序感。再以《中国民间

中国民间年画
中国民间年画

（a）

中国剪纸艺术是一门古老的手工艺术，也是我国一种优美的民间艺术，有着悠久的历史，
但是在中国传统文化发展史的研究工作中，对于剪纸的起源探索是比较难的事情了。
造成困难的原因在于它的材质特点，纸质薄而易碎不易保存，而且用过即弃，留存甚难，
另一个原因在于，我们的史书记载大多都是对于正史或是主流文化的记录，对于这些出自
于当时处于中下阶层的劳动妇女手艺不屑一顾。
中国民间剪纸
中国民间剪纸

（b）

工艺系列丛书》这套书籍的设计为例，设计元素选择了符合书籍内容的直观素材：陶瓷、剪纸、皮影、刺绣、布艺、木雕、年画、中国结，并将其作为主体图案（图2–2）。

（c）

图2–1

（a）　（b）　（c）

图2–2

2.2.3 电脑制作

主题确立、书籍元素确定并明确草图方案后，即可根据草图方案进行计算机制作。先要选择合适的软件，可选择CorelDRAW或illustrator。首先，根据方案确定好开本大小、书脊厚度，将素材导入软件后，设置好页面大小和辅助线，便可以开始排版了。排版时需要注意版面的整洁和上下的空白，并留出页码的位置。在设计骨骼时通常采用通栏或者双栏，在此采用双栏。有图片的书籍通常采用一栏半或者双栏半的形式，也可以根据自己的特殊需要来决定。页码则应该放在便于浏览和翻阅的地方。

在制作电子文件时，要注意为输出的时候作些准备。例如，输出文件的尺寸大小最好比纸张略小。排版要注意前后页码的连续性，注意留出装订线的位置，以免文字被装订进去，破坏书的效果。

通过校正显示器，可以使屏幕上显示的图像与其他计算机上的图像保持一致，并且与打印输出的结果保持一致。简单的校正方法如下：在校正前要保证显示器打开至少有半小时，以使显示器显示稳定。同时，调整室内光线，使之处于正常工作状态。然后，校正显示器的亮度和对比度。因为室内光线会影响显示器的显示效果，故最好将房间门窗关闭，不要使外界光线射入，而且要记录下校正好的显示器和房间亮度的控制条件。

因为书的封面和排版是在CorelDRAW中制作的，因此打印之前一定要将文字转化为曲线，以避免出现缺字、漏字或者打印不全的现象。除此之外，一般输出公司给顾客的关于CorelDRAW输出文稿的注意事项如下：发排时彩色图片请使用CMYK颜色模式，不能用RGB；CorelDRAW中最好不要使用没有品牌的字体；CorelDRAW中RGB模式的文字、外框、填色，需转换为CMYK颜色模式（图2–3）。

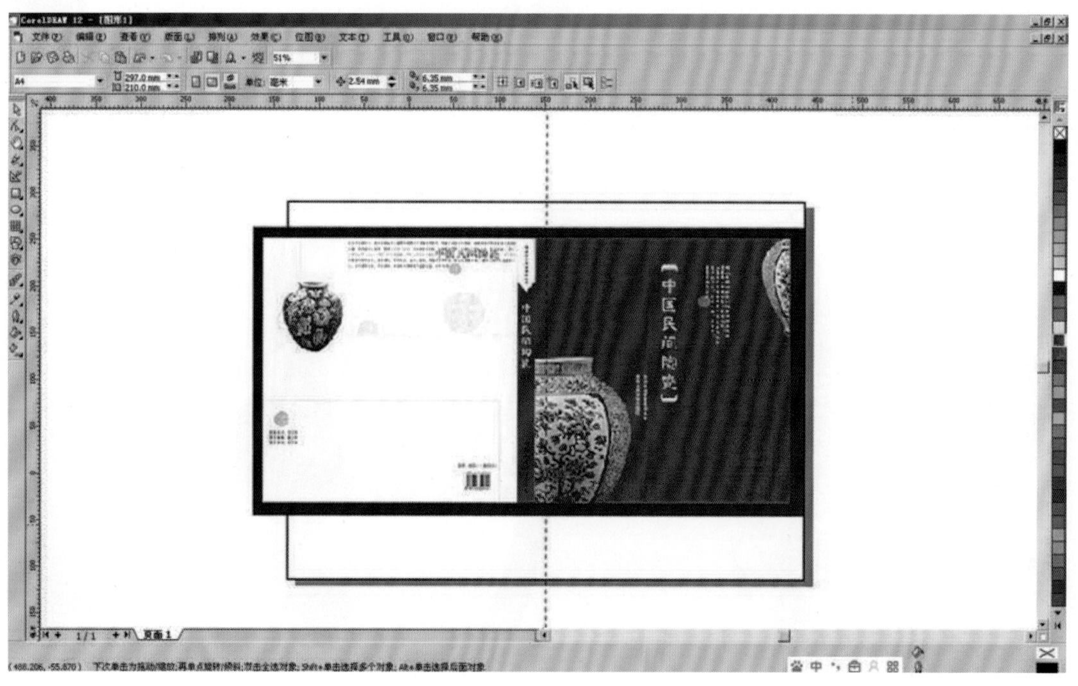

（a）

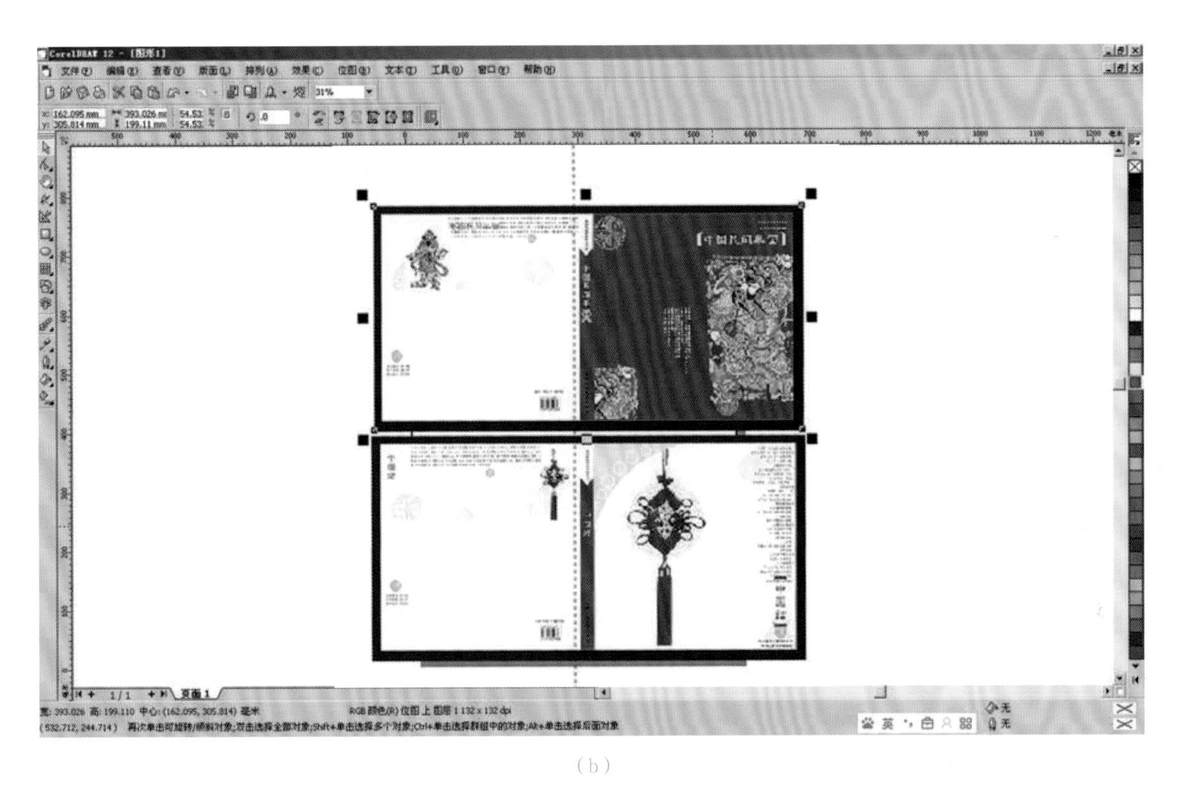
CorelDRAW 12 - [图形1]
文件(F) 编辑(E) 查看(V) 版面(L) 排列(A) 效果(C) 位图(B) 文本(T) 工具(O) 窗口(W) 帮助(H)
页面 1

（b）

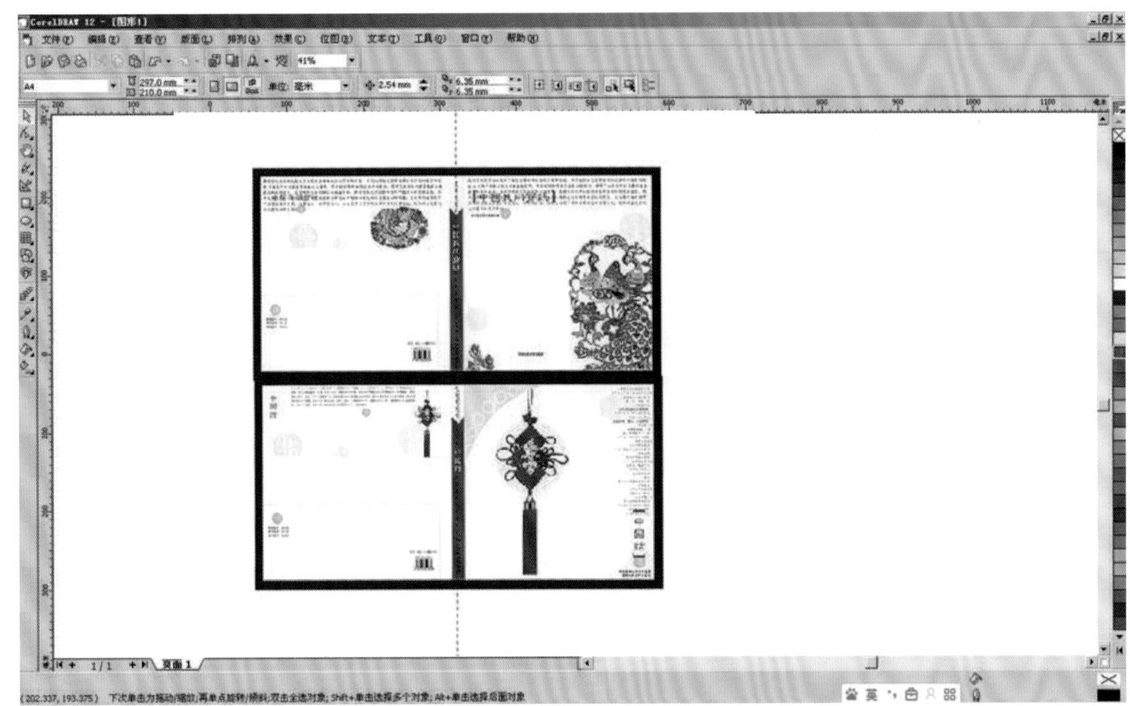
CorelDRAW 12 - [图形1]
文件(F) 编辑(E) 查看(V) 版面(L) 排列(A) 效果(C) 位图(B) 文本(T) 工具(O) 窗口(W) 帮助(H)
页面 1

（c）

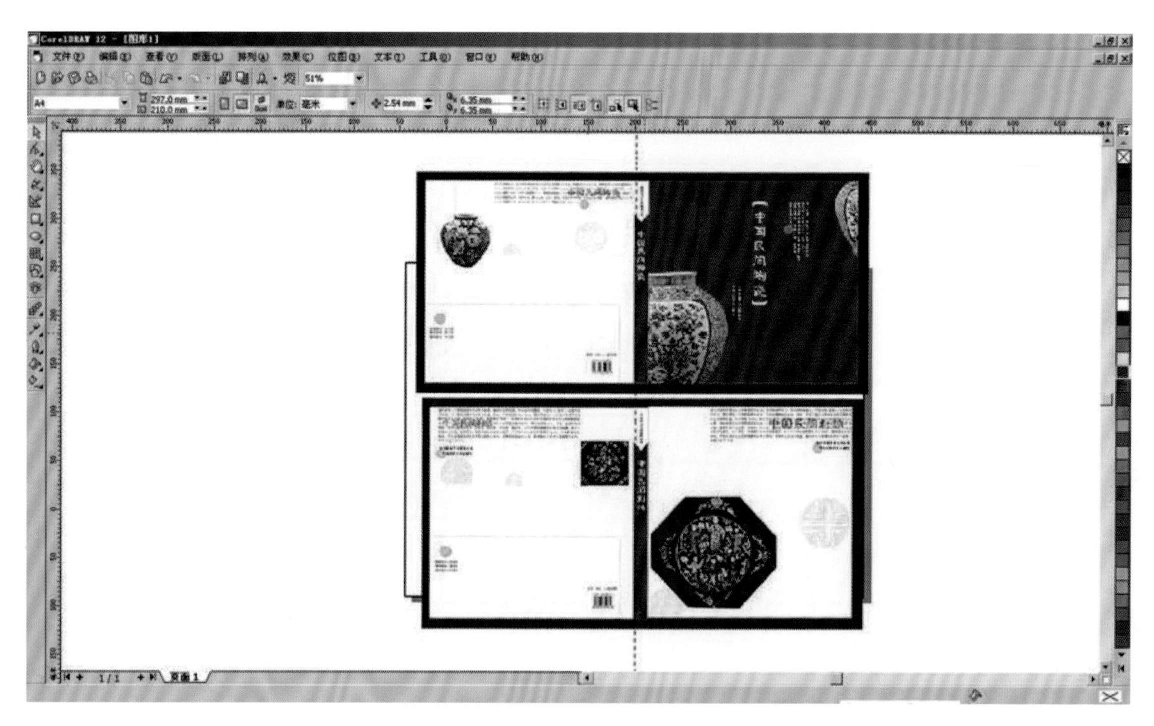

(d)

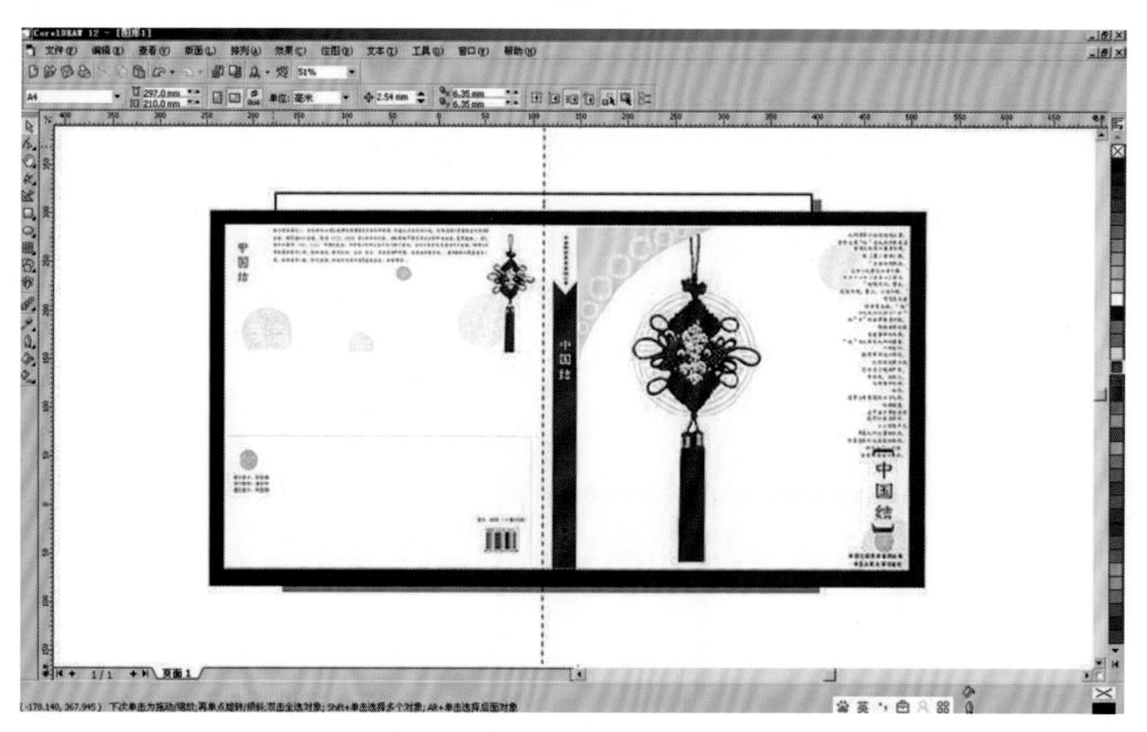

(e)

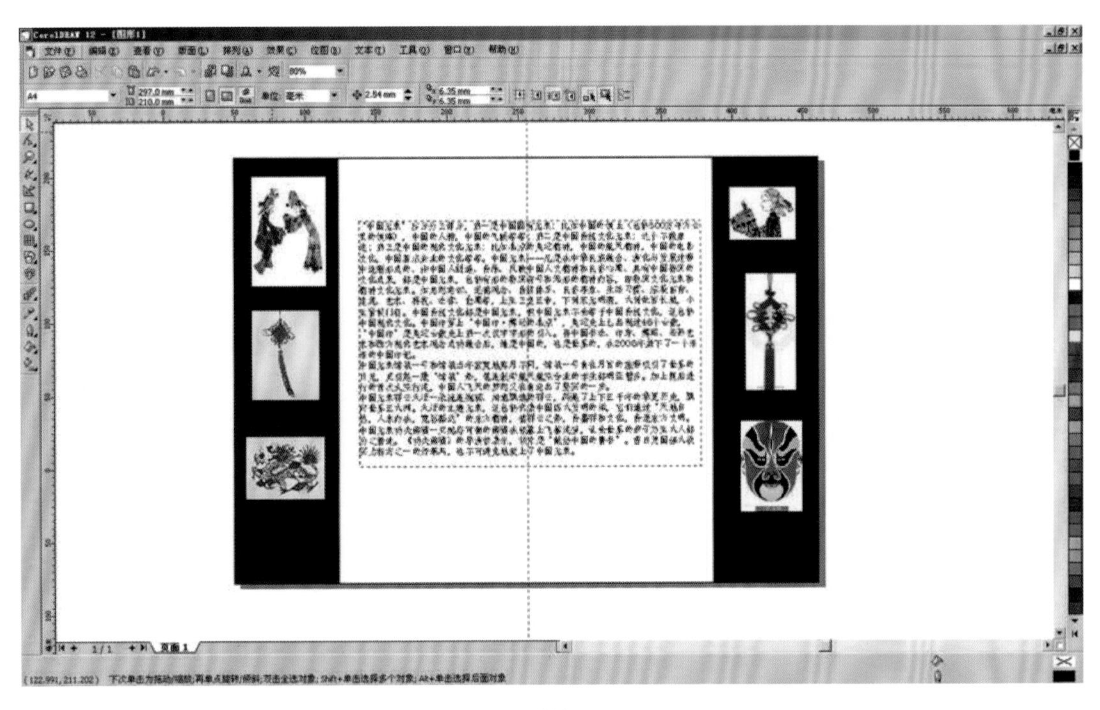

（f）

图2-3

2.2.4 制作输出

首先，将电子文件输出为成品（图2-4）。

（a）

中国剪纸艺术是一门古老的手工艺术，也是我国一种优美的民间艺术，有着悠久的历史，但是在中国传统文化发展史的研究工作中，对于剪纸的起源探索是比较难的事情了。造成困难的原因在于它的材质特点，纸质薄而易碎不易保存，而且用过即弃，留存甚难。另一个原因在于，我们的史书记载大多都是对于正史或是主流文化的记录，对于这些出自于当时处于中下阶层的劳动妇女手艺不屑一顾。

中国民间刺绣

中国人民大学出版社

中国民间刺绣

（b）

（c）

图2-4

其次，进行封面压膜（可以手工制作，也可以用机器压膜）并裁剪掉输出稿多余的部分，如果有裁纸机的话，这个步骤就可以省略，最后一起裁边（图2-5）。

最后，折叠好封面样稿，确定内页面页码和前后顺序，整理上胶，装订成书（图2-6）。

图2-5

图2-6

2.3 从选题之初介入设计策划

设计策划在选题之初常常被忽略，因为书籍选题多由作者完成，而设计策划又是由设计师进行的，所以选题与设计脱节的情况常有发生。这样带来的结果就是书籍设计出来后与主体不符，或与主体结合得不是那么和谐。我们提倡在书籍选题的时候邀请设计师共同参与，充分了解书籍选题和作者要求等内容。那么，在后期的设计中就能够更加清晰、明确地用主题去进行设计，从而将书籍设计作为一个整体来对待。在书籍设计的课堂上，因为一些局限性，如果学生选择了已有的主题书籍来进行设计，往往需要花费大量的时间去理解作者与书籍内容，之后再进行书籍设计。在这样的情况下，制作出来的书籍容易出现对主题的理解不够、对内容的把握不足等问题，导致书籍设计不够完美或合适。在这样的情况下，很多学生容易形成一个误区，认为书籍设计只是对书籍作装饰性的设计，而忽略书籍的细节处理、书籍的结构展示等内容。因此，在这样的状态下，我们更希望学生能够通过自己的生活经验去创造一本属于自己的书籍。对生活的感悟，对家人、朋友的感情，对童年的回忆，都能成为创造的主题。这样，在自己熟悉的情况下，三维、立体地对书籍进行设计，所设计出来的书籍带有自己强烈的感情色彩，也不失为一种优秀的设计（图2-7、图2-8）。

图2-7

TRUMAN
CAPOTE
EST 1958 EST
BREAKFAST
AT TIFFANY'S
a short novel and
three stories
160
PAGES
WILLIAM
BURROUGHS
EST 1959 EST
THE NAKED
LUNCH
a novel
300
PAGES
ANNE
TYLER
EST 1982 EST
DINNER
AT THE HOMESICK
RESTAURANT
a novel
300
PAGES

（a）

THE LACUNA
BARBARA KINGSOLVER
What is Art
L
ANNE
TYLER
EST 1982 EST
DINNER
AT THE HOMESICK
RESTAURANT
a novel
300
PAGES
ROOM
EMMA DONOGHUE
WILLIAM BOYD armadillo
WHATEVER YOU THINK, THINK THE OPPOSITE Paul Arden
SHAKESPEARE

（b）

图2-8

2.4　书籍设计美感的多元化

2.4.1　书籍设计创造多元化美感

一本书之所以拥有生命，是由于作者对书中的文字有深刻的体会，也有对真挚情感的把握；而将书籍从表象到内涵完美地呈现给读者的，则是书籍设计师用精美的设计带来的情感升华和美的享受。这种美感体现在多个层次上，它们相互交织，使得书籍变得多姿而丰满。

1）和谐统一

书籍设计创造和谐。书籍设计是实用性与审美性相结合的一种设计，书籍的设计既不能脱离实际、单纯追求审美趣味的“唯美主义”，也不能因盲目强调书籍的实用功能而犯“实用主义”错误。书籍设计需要在适合读者阅读的前提下，探索书中内容的精髓，捕捉形象的典型，把握本质的元素，放大与加工精髓、典型和元素，“将美物化、将物美化”，构建完美和谐之美。书籍的结构、色彩、形态、图形、材质、气味等因素与书中的内容相互衬托、相互依存，使读者在阅读过程中感知书籍带来的艺术意境美与作者的文采美，从而达到愉悦身心、陶冶情操的目的（图2–9）。

（a）　（b）

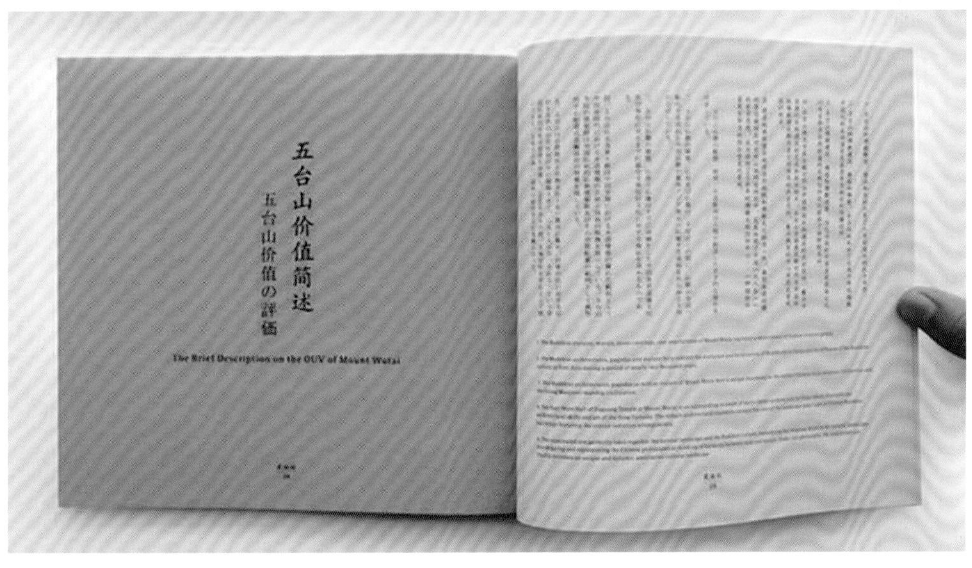

（c）

图2–9

黑格尔曾指出："美的要素可分为两种：一种是内在的，即内容；另一种是外在的，即内容借以体现出意蕴和特性的东西。内在的显现于外在的；借助外在的，人才可以认识到内在的，因为外在的能从它本身指引到内在的。"由此可见美的辩证关系。构建书的外在形式美应当与它的内容相辅相成、和谐统一，并且要配合默契、安排妥当。例如，文艺类的书籍感情色彩比较厚重、情感丰富，在设计时可将变化形态放大些、活泼些；而严肃、严谨的理论专著类书籍，在设计中则要求层次分明、逻辑清晰，具有严谨的秩序，但同时也要表现出一定的形式美感。

2）韵律变化

书籍设计应当体现出韵律变化。书籍既是三维、立体的，同时也是平面的。因此，在书籍设计中体现出韵律变化是非常重要的。具有变化的书籍能够使人阅读起来更加环环相扣、引人入胜。除设计封面、封底和书脊3个面之外，书籍内容随着读者触觉的抚摸和视觉的流动，从外而内地深入人心，每一页的版面编排、每一个细节都可以进行巧妙的设计和安排。建筑艺术是空间艺术，通过动静结合来产生韵律与节奏变化，而用建筑艺术来比喻书籍设计则有异曲同工之妙。建筑艺术通过巧妙的布局，可以产生如乐曲般的韵律，造成一种流动感；书籍设计同样也能产生这样的韵律感。翻阅书籍的过程犹如游览苏州园林，通过封面、环衬、扉页、目录，然后一步一步地接近正文。整个阅读过程因书籍设计的精妙而连续变化着，就如游览苏州园林时，移步换景、曲径通幽，不知不觉已到达深处。最终，进入正殿，再透过正殿里那一扇扇窗格，欣赏刚刚经过的美景。这种内外结合、在进行中产生的韵律美会让读书的过程变得生动有趣、不再枯燥，使读书的行为伴随着书籍的结构成为循序渐进的过程，自然而然地，读者会与书产生更多的心灵沟通（图2-10）。

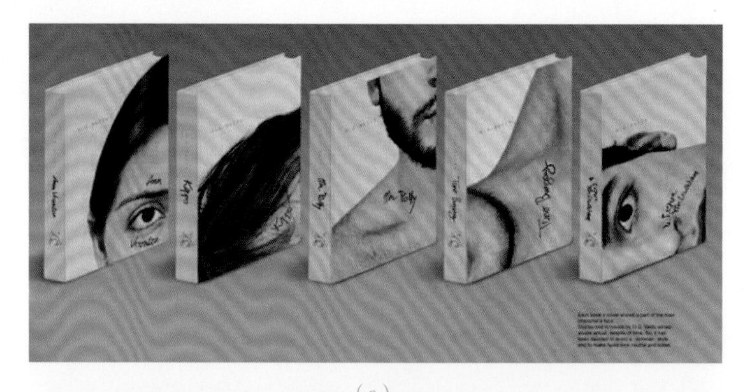

（a）

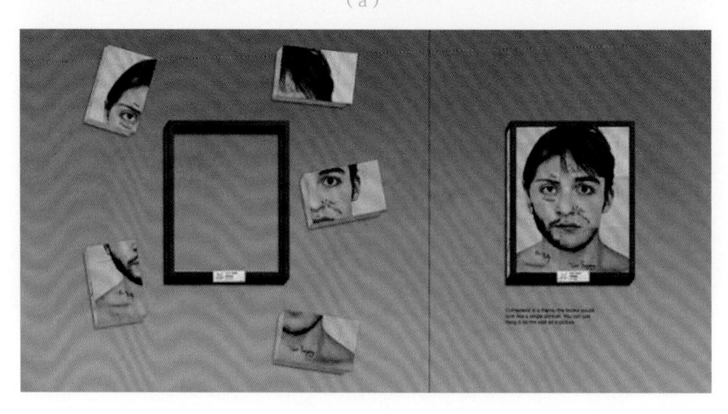

（b）

图2-10

3）简洁明了

现代书籍设计常用到“简洁明了”风格。简洁的特点是简洁洗练、单纯明快、词少意多。在设计领域，尤其是现代设计领域，简约主义风格盛行，影响了绝大多数的设计门类，其中也涉及书籍设计领域。虽然书籍的形式是由书籍内容所决定的，但书的形式不是对现实的写照，更不是对书中内容的具体图解。书籍设计如能简洁明了并略带深意地展现书的主题，则是成功的书籍设计。例如，对书籍封面的设计，在一定尺寸里如果想表达出书中所有的内容和意图，是很不现实的。因此，在设计封面时，往往要抓住书中最重要的内容来进行提炼升华，封面的图形、色彩、文字等都要反映书籍所要传达出的信息。书籍设计由于受到书籍内容制约，具有一定的被动性。因此，要在束缚中创造出最大的想象空间，使读者在最短的时间内大概了解到书的性质和内容，并迸发出对书的喜爱之情（图2-11）。

（a）　（b）

图2-11

4）特色突出

书籍设计重在特色突出。一本书的装帧设计如果选取了一个独特的角度和恰到好处的创意表现手法，同时将二者完美结合起来，那这本书籍一定能够脱颖而出。好的书籍设计一般都具有独特的创意，不论在构思、色彩，还是在设计语言上，都会以鲜明的个性展示其特点。例如，由书籍设计家吕敬人、宁成春、朱虹、吴勇4位共同编著、设计的《书籍设计四人说》。这本书首先从开本大小上创造新意，1∶2比例的开本打破传统，是非常规的开本，让人耳目一新。在书籍的材料上选用了黑色亚光纸，使用烫印着用黑色反光UV油墨来形成的、以四人姓名构成的书名，外形和质感都与众不同，充满新意。翻开书籍，书中的细节设计扑面而来，贯穿书中的信息元素——四人标志反复出现，装饰感极强的宽黑带出现在每一个页码旁边，依顺序由长变短，又由短变长，给人一种时间的流动感。这样的一本书在形式上有许多意想不到的创意，使人过目不忘。虽说《书籍设计四人说》设计的新意十足，但不是所有的书籍设计都需要做到这样的“轰轰烈烈”。对于大部分书籍设计来说，创新的点不需要过多，只要某些细节处理有特色，能体现出个性，就能够做到让人过目难忘（图2-12）。

5）整体性

书籍设计强调整体性。书籍设计通过整体效果让人们直接感受到作者要表达的情感，并使读者迅速了解书中所包含的内容。整体设计必须要在书籍的各个构成部分以及局部细节上下足工夫，同时使它们与书籍的内容和谐统一，无论是具象还是抽象，都用无限的想象把它们有机地连为一体。局部的设计要采用同类的风格，往往表现为连贯的有意义的直观形象，使其具有审美的连续性，同时也是书籍主题的连续性（图2-13）。

图2-12

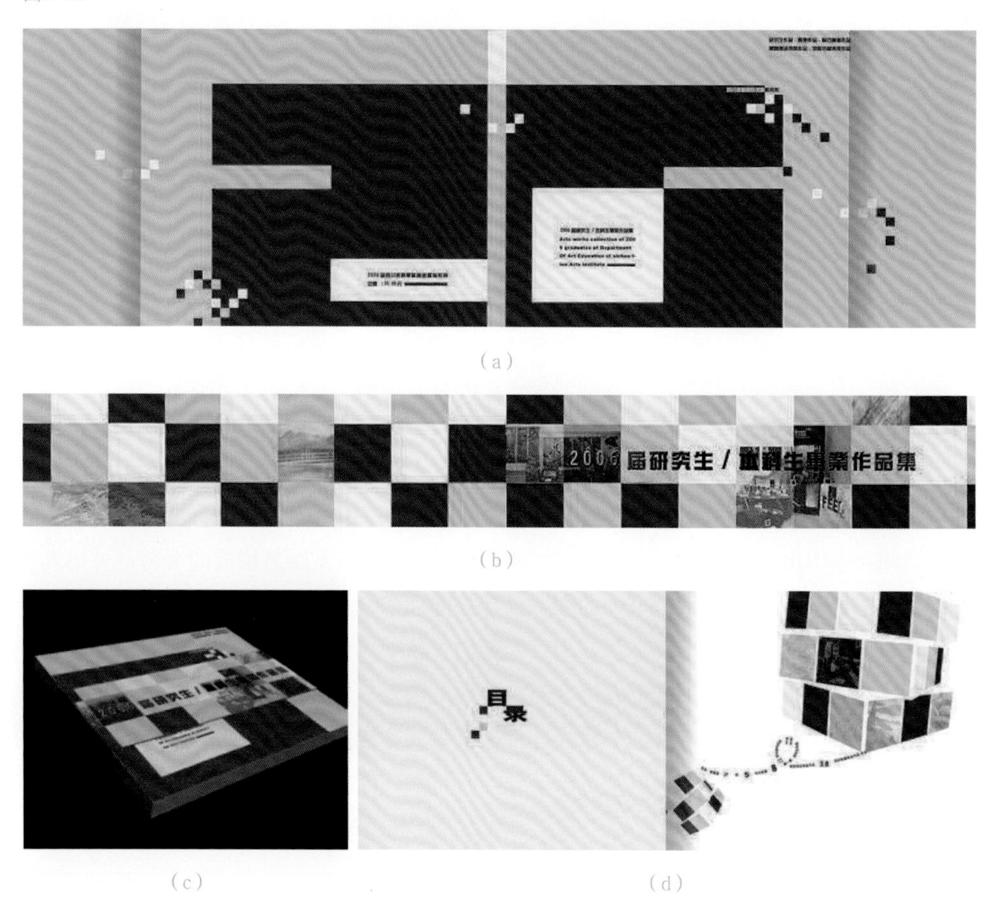

（a）

（b）

（c）

（d）

图2-13

2.4.2 书籍设计创造美感的方法

1）运用“形式美法则”创造美感

“形式美法则”由5个部分组成，分别为变化与统一、平衡与对称、对比与调和、重复与渐变、节奏与韵律，它来源于三大构成学说。从基本上来说，就是将一切艺术形式回归到点、线、面的构成，并从中总结出能产生美感的五大形式美法则。其将所有的艺术作品分解为若干点、线、面，然后将这些点、线、面按照上述方法合理地组合在一起，从而使人产生美感。书籍从书籍结构上分析，同样是由若干大大小小的部分组成。在这些部分中，小的部分具有点的特征，大的部分具有面的特征，而小的若干点则具有线的特征， 比如文字可看作“点”，标题可以看作“线”，书脊、中缝、封面、插图，可作为“面”的组成出现。在安排这些结构的时候，要遵循“形式美法则”，运用形式美的表现方法，在变化中求统一、在对比中加调和，达到比例得当、大小得体、色彩搭配合理、形体姿态和谐等目的，这样的设计作品才有美感可言。

2）注重情感互动

书籍需要与读者产生互动才能够实现它的价值，一本书能否引起读者的注意，其给人的第一印象非常重要。丑陋、偏激或个性太过强烈的元素无法让人们保持欣赏的状态， 用这些元素去刺激视觉，不仅不能体现出美感，反而会令人厌恶。同时，仅仅只有好看或华丽的设计，缺少作者感情流露和设计师创意表述的书籍设计也不能成为好的设计。优秀的书籍设计作品从表面到内在都能与读者产生情感互动，通过对书籍结构的设计来吸引读者进行阅读，通过书籍的材料让书籍变得与众不同，使读者从中获得不同的触觉感受与心理感受，这其中蕴涵了超越书籍形象的文化精神和人文情感，从而引发读者对书的喜爱，激发读者对美的追求（图2-14）。

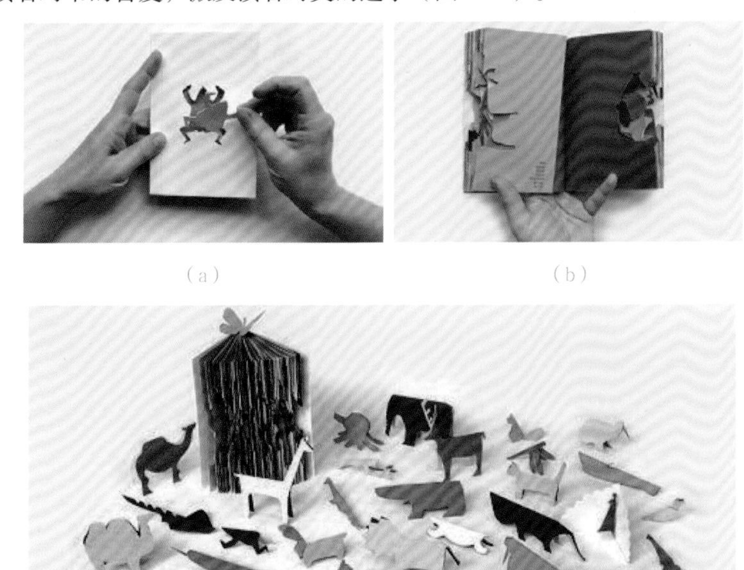

（a）　（b）

（c）

图2-14

3）科学结合艺术

科学技术与艺术的结合是未来设计的发展道路。设计与绘画不同，设计是为人服务的，人类科技进步了，设计的方式就应该与时俱进。书籍设计同样如此，必须依靠现代技术手段去完成构想。新型材料的发明，能够为书籍带来新的感受。从书籍的源头一路发展下来，从最初的兽骨、竹简、绵帛、纸张，再到现代化的特殊材料，每一次材料的发明创新都为书籍的发展带来一次变革。迅猛发展的科学技术已渗透到书籍设计的各个领域。书籍艺术作为实用美术，各种材料和印刷工艺的选用，都与现代科学技术密切相关。现代科技发展以后，计算机技术缩短了书籍排版的时间，先进的印刷设备缩短了书籍制作的周期，这都体现出科学与艺术的完美结合。现代书籍设计要时刻关注科技发展，为书籍设计注入新工艺、新方法、新材料，使书籍设计更具有创造力、感染力及冲击力，丰富读者的感受与情感。

在当今社会，网络多媒体的崛起使传统书籍受到了一定的冲击，但纸质的传统书籍作为重要的信息传播载体，既能满足人们对书籍阅读功能的需求，又能满足人们的审美需求。因此，传统书籍有其独特的艺术气息、文化特征与情感。假如将网络多媒体技术与传统书籍进行适当的结合，则可以丰富书籍的使用感受，让书籍更加耐人寻味（图2-15）。

（a）

（b）

图2-15

3　创意之新

3.1 装帧创意

一般来说，艺术作品具有3个层次的美，第一个层次是形式美，由艺术语言构成；第二个层次是内容美，由艺术形象本身构成；第三个层次是艺术作品中所蕴涵的意蕴美。在这3个层次里，第一个与第二个层次都是直观的美感形式，第三个层次则是一种高层次的审美意趣。

书籍设计同样具有这样3个层次的艺术美，即形式意味的美、形象内容的美与装帧意蕴的美，书籍的创意思维均由这3个层次的内容开启。这3个层次的美彼此相融，思考时可不分先后，有时会同时出现在创意思考之中。书籍设计是设计者情感的载体，读者可以通过阅读书籍去体验设计者在作品中所流露的情感。要将情感转换成物质形态，需要书籍设计者掌握书籍设计的艺术语言，善于运用书籍设计特有的艺术语言形式，创造出打动人心的书籍形态。情感的表达需要激发设计者的创意思维，创意思维则通过上述 3 个方面得到关注。

3.1.1 形式意味的美感

点、线、面以及某种特殊方式组合成某种形式或形式间的关系，激起我们的审美感情，这种关系和组合我们称为有意味的形式（图3–1）。

（a）

（b）

（c）

图3-1

3.1.2 立体的形式意味

立体的形式意味主要是指书籍的外形，包括了开本、装订形式、书函、书套的形式感等。书籍设计首先就是对书籍的外形进行设计，塑造书籍的外在形式，是一种对三维、立体的形式感的表达与探索。在进行立体的形式意味表现时，我们可以将书籍想象为一座雕塑，这是多层次、多侧面的立体效果研究（图3-2）。

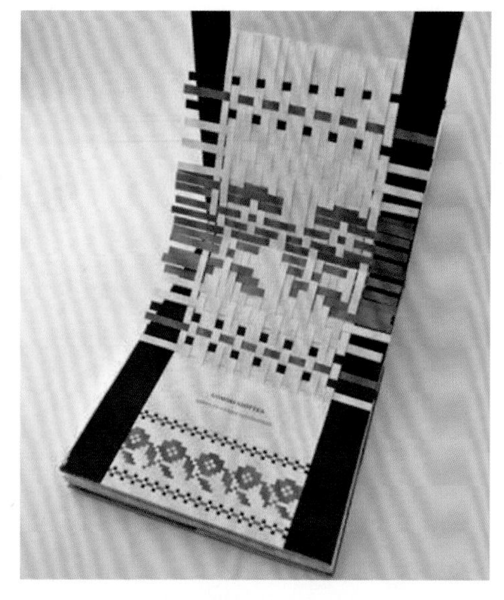

(a)

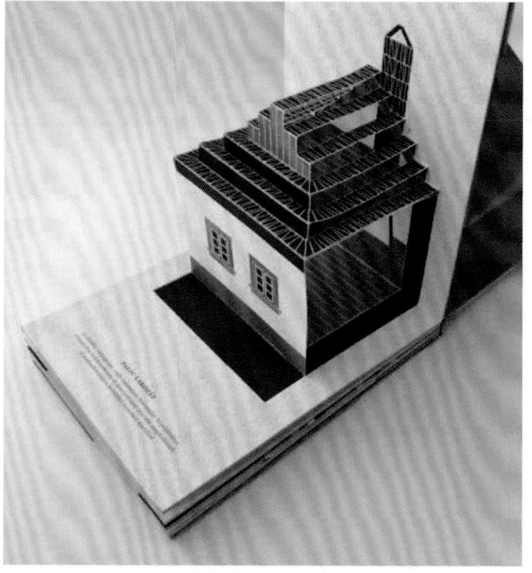

(b)

(c)

图3-2

3.1.3 平面的形式意味

平面的形式意味则是指书籍的平面效果，包括书籍的封面、内页等形式意味。它讲究的是平面的视觉形象与色彩的配搭关系。例如，在设计封面时，封面的“形式结构”是首先考虑的内容，封面是采用横式的构图形式还是竖式的构图形式，是圆弧状的柔美形式还是方块状的坚硬形式？平面的形式意味与立体的形式意味一起，构成了书籍整体的设计意味（图3-3）。

（a）

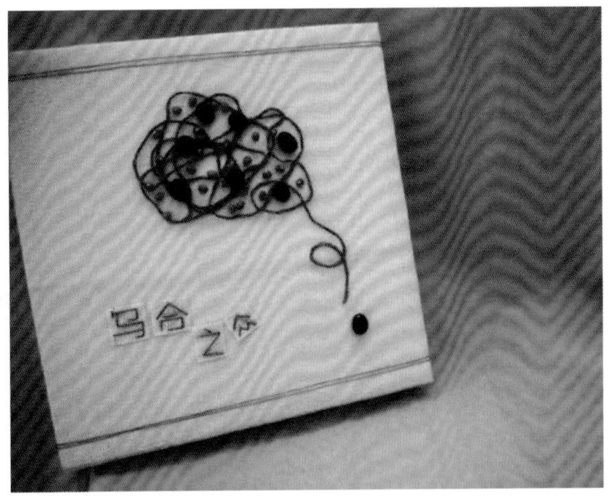

（b）

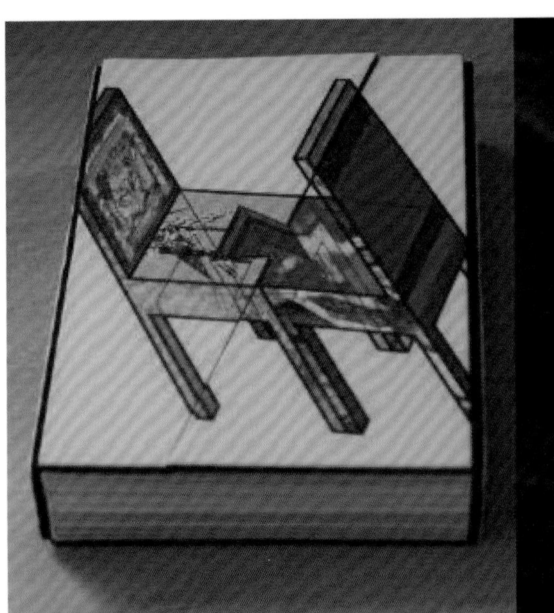

（c）

图3-3

3.2 书籍开本设计

3.2.1 开本的概念

开本设计也称开型设计，是将一定尺寸规格的全开印刷纸张，采用不同的分割方式所形成的书籍成本尺寸规格，并以一张纸所分割的数量为开本命名。不同的成品尺寸所形成的不同比例，形成不同开本的不同个性，为书籍的设计提供多种不同规格的个性选择。

1）全开纸的概念

常用纸张尺寸分为大度全开与正度全开两种，大度全开的尺寸为889 mm × 1 194 mm，正度全开的尺寸为787 mm × 1 092 mm。大度全开的纸张可裁切为以下几种开本：

A1（570 mm × 840 mm）；A2（570 mm × 420 mm）；A3（285 mm × 420 mm）；A4（210 mm × 285 mm）；A5（140 mm × 210 mm）。

正度全开的纸张可裁切为以下几种开本：

B1（520 mm × 740 mm）；B2（370 mm × 520 mm）；B3（260 mm × 370 mm）；B4（185 mm × 260 mm）；B5（130 mm × 185 mm）。

具体开本尺寸见表3-1。

表3-1　不同开本的尺寸

单位：mm × mm

	全开纸	对开成品	4开成品	8开成品	16开成品	32开成品
大度	889 × 1 194	570 × 840	570 × 420	285 × 420	210 × 285	210 × 140
正度	787 × 1 092	520 × 740	370 × 520	260 × 370	185 × 260	130 × 185

2）纸张的开切方式

不同的书籍适合不同的开本，不同的开本可通过纸张的开切得到实现，纸张开切的方式可分为几何开切法、直线开切法和特殊开切法。

最常见的为几何开切法，它是以2，4，8，16，32，64，128……的几何级数来开切的。这是一种合理、规范的开切法，纸张利用率高，能用机器折页，印刷和装订都很方便（图3-4）。

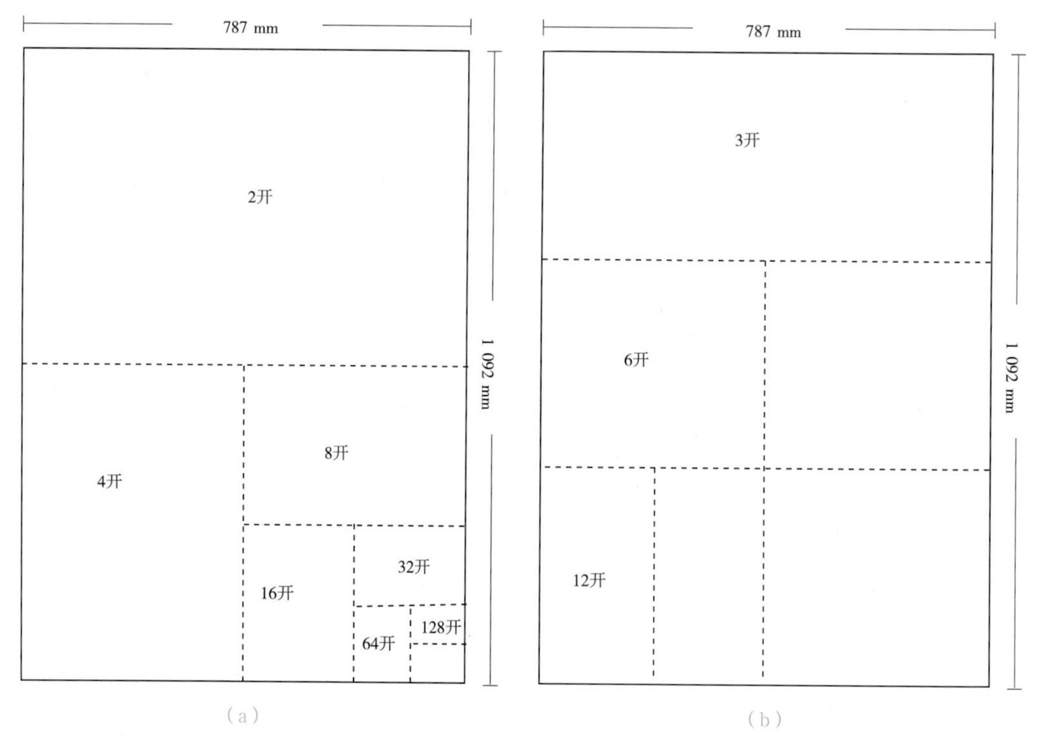

图3-4

直线开切法，纸张有纵向和横向直线开切两种方法，它不浪费纸张，但开出的页数，双数、单数都有，所裁切出的纸张无法使用机器折页（图3-5）。

特殊开切法即纵横混合开切，纸张的纵向和横向不能沿直线开切，开下的纸页纵向、横向都有，不利于技术操作和印刷，易剩下纸边从而造成浪费（图3-6）。

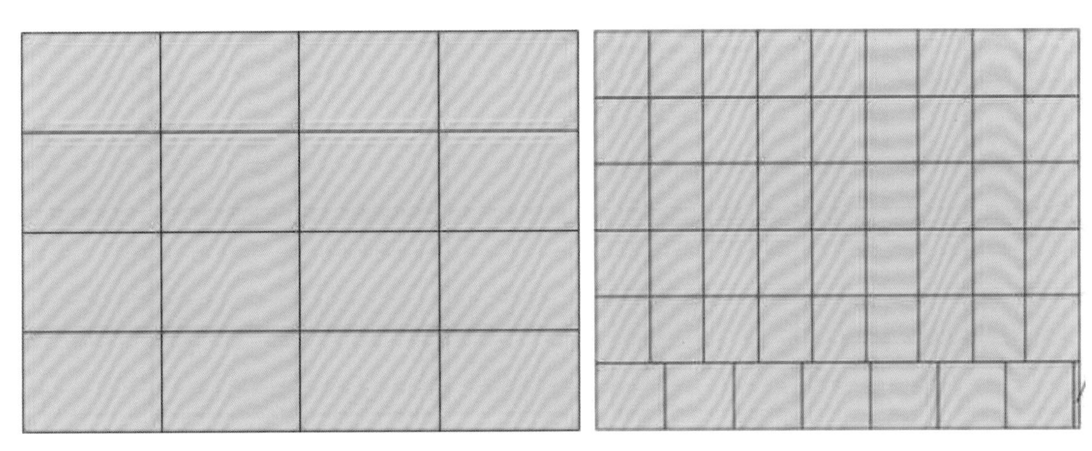

图3-5　　图3-6

3.2.2　影响开本的因素

1）内容与性质

吴勇说：“开本的宽窄可以表达不同的情绪。窄开本的书显得俏，宽的开本给人驰骋纵横之感，标准化的开本则显得四平八稳。设计就是要考虑书在内容上的需要。”此话表明书籍设计受到内容的限制，因此开本大小必须符合书籍的内容与性质。例如，诗集一般采用狭长的小开本，合适、经济且秀美。经典著作、理论书籍和高等学校的教材篇幅较多，一般采用大32开或近似大32开的开本比较合适。小说、传奇、剧本等文艺读物和一般参考书，一般选用小32开。为方便读者，书不宜太重，以单手能轻松阅读为佳。儿童读物因为有图有文，图形大小不一，文字也不固定，因此可选用大一些的接近正方形或者扁长方形的开本，以适合儿童的阅读习惯（图3-7）。

（a）

（b）

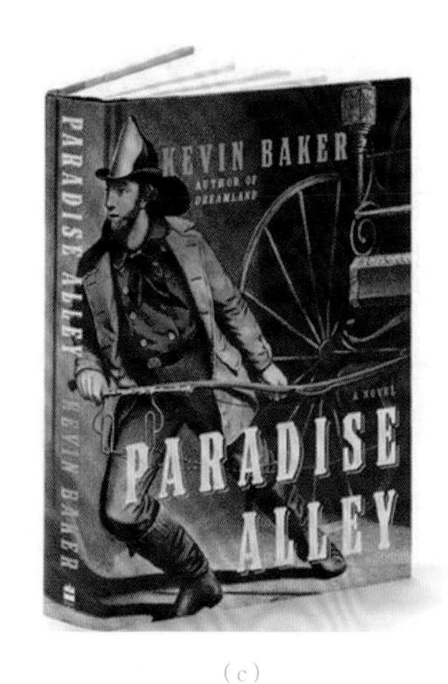

（c）

（d）

图3-7

2）读者对象

由于年龄、职业等差异，读者对书籍开本的要求也不一样。例如，老人、儿童的视力相对较弱，要求书中的字号大些，同时开本也相应放大些。青少年读物一般都有插图，插图在版面中交错穿插，所以开本也要大一些。再如普通书籍和作为礼品、纪念品的书籍的开本也应有所区别（图3–8）。

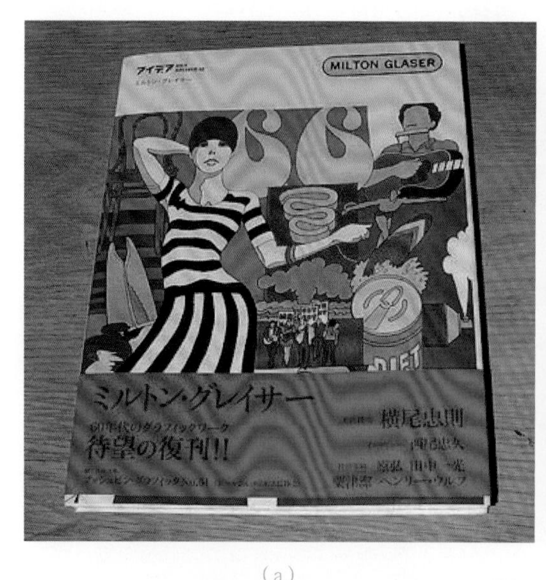

（a）

（b）

图3–8

3）原稿篇幅

原稿篇幅也是决定开本大小的因素之一。几十万字的书与几万字的书，选用的开本就应有所不同。一部中等字数的书稿，用小开本，可取得浑厚、庄重的效果；反之，用大开本就会显得单薄、缺乏分量。而字数多的书稿，用小开本会有笨重之感，故以大开本为宜（图3–9）。

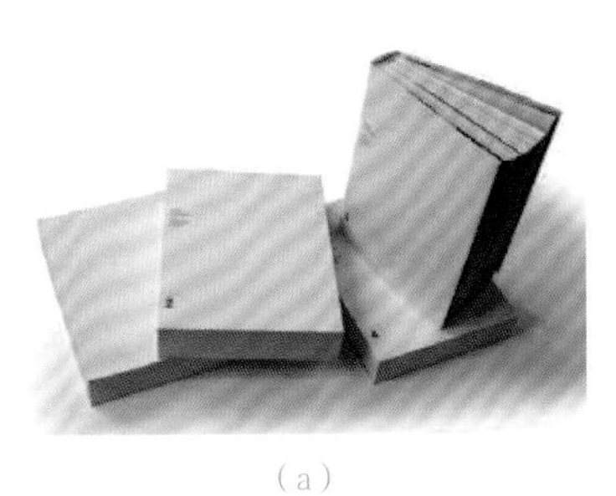

（a）

（b）

（c）

图3-9

3.3 整体设计与视觉表现

3.3.1 外部因素

1）封面设计

书籍的封面在古代被称为“书衣”，现代也有将封面称为“书皮”“封皮”“书面”的。

书籍封面的概念有广义与狭义之分，广义的封面包含有封面、封底、书脊和勒口这4个部分，而狭义的封面仅仅是指书正面的书皮部分。在以前，由于受到经济条件、设计观念的限制，对封面的设计只停留在对书籍正面的设计上，而忽略了对封底、书脊、勒口等部分的设计。

现代书籍设计是一个完整、立体的设计，书籍设计师必须具有整体设计观念，必须明白书籍的封面是书籍的外表和能引起读者注意的最直接的部分，它是书籍设计整体工程的重点内容。

当代中国书籍封面的设计形态与样式，是在中国古代书籍的基础上，吸收了西方书籍的形态后逐步发展起来的。我国书籍是在西方的工业文化传入后，才从线装书发展到近现代的形态的，之后封面才逐渐发展成我们今天看到的样子。

五四时期，闻一多先生曾说，①美的封面可以引起购书者注意；②美的封面可以使读者心怡气平，容易消化吸收本书的内容；③美的封面可以使存书者因爱惜封面而加倍珍惜地保存本书。这说明在五四时期，在新文化运动以后，对书籍的封面开始讲究起来。闻一多先生还分析了当时书籍封面设计不受重视的原因，如艺术设计不精、印刷效果不好、发行者受到经济条件的限制等，都说明当时社会生活程度低下。随着时代的发展与进步，科技发展、工艺创新，如今中国传统的书籍线装形式已不再大量出现，反而成为一种书籍封面及装订方式的艺术形式，受到人们的重视，在一些特殊的展现中国传统文化的书籍中出现。

书籍封面作为书籍重要的视觉传达部分，对它的设计主要应注意把握5个要素：文字、图形图案、色彩、材料、工艺。要记住对两个特殊位置——书脊和封面的设计要求。

（1）文字

文字主要是作为书名、作者名、出版社名存在于封面之中，这是由封面的功能性所决定的，系列书籍还会有丛书名、系列书名等。在封面的文字中，书名是最重要的部分，其次是作者名和出版社名，这就要求对书籍封面的文字组织要有主次之分。书名作为书籍身份信息的传达部分，在书籍设计中占有重要的位置。书籍的书名如同人的眼睛一样，通过它来传神，用无言但充满形式感的文字符号将全书的主题传达给读者。高明的书籍设计师能通过巧妙的设计对书名进行个性化的表现，营造感性的氛围。

人的视觉收集能力不是消极地接受，而是积极地抽取，即抛开一切需要捕捉的对象之外的影像，只保留需要的影像，这是视知觉的一个重要特征。视知觉具有高度的选择性，人通过自己的意志、欲望、兴趣来确定视知觉的选择。明白了这个道理，将其运用到封面文字的设计中，对书籍书名的文字进行形态上的疏密、轻重等变化，都会引起读者视线对其的关注。书名的字体，无论是宋体、楷体，还是篆体等，由于笔画的轻重、字体的拉斜或压扁，都会给人以不同的心理感受。格式塔心理学家阿恩海姆认为，形状通过展示自身的本质，能够唤醒人类自身心灵感应的“力”，揭示出物理形态与精神上的联通感受。例如，竖线给人一股向上的力量，横线给人以平展的延伸感，宋体给人以娟秀感，黑体由于粗壮，给人以端正严肃感。这些不同的物理形态与视觉中心的生理反应达成一致，就能得到某种特殊的感受。因此，在封面设计中，端庄方正的字体常用来表现崇高之感，如政治书籍、教材的书名；娟秀的宋体用来表现小巧、浪漫之感，如小说、诗歌集、散文集的书名。当代计算机字库字体样式丰富多彩，能够满足设计师的大部分需求，并且计算机软件还提供了千变万化的字体效果，更加丰富了书名字体的设计手段。但需要注意的是，虽然计算机能够提供给设计师很多手段，设计师却不能只是依赖于计算机，有些书名根据书籍内容的要求还是应进行手写，如书法类的书籍，书名用手写的书法体更加符合内容需求。在我国，汉字书法形成了世界上独一无二的“书法艺术”，中国的书籍设计中，会经常请书法家为书名书写极具艺术个性的书法体。（图3-10—图3-12）。

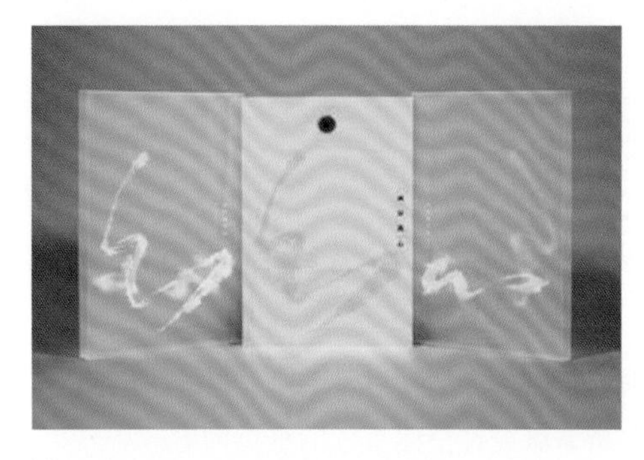

图3-10

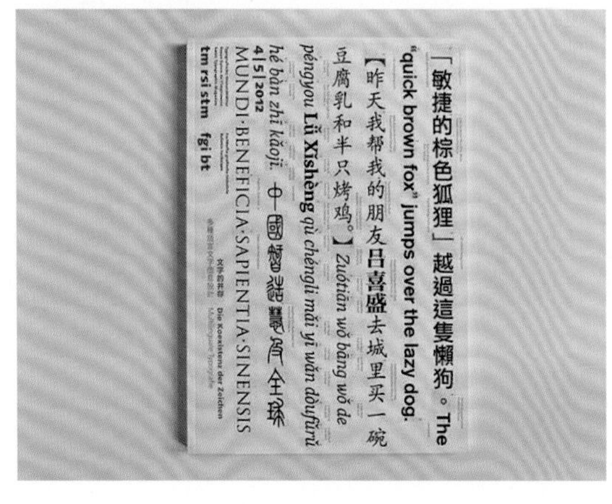

图3-11

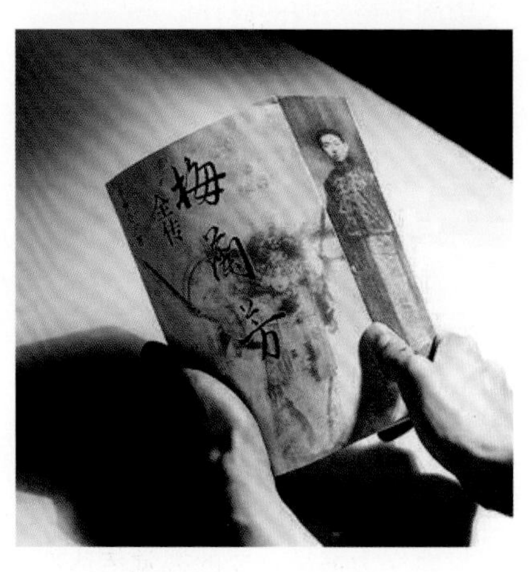

图3-12

（2）图形、图案

书籍封面除了书名以外，还常常有图形或者图案，以起到烘托气氛、完善信息的作用。因此，图形、图案的创意设计也是一项主要工作。图形、图案可以用摄影照片、创意图形或绘画表现，也可用抽象图形所蕴涵的比喻、象征等手法来表现。在设计封面图形时，要将书籍内容理解透彻，提炼主题象征符号，以便在书籍设计的后期进行整体统一，达到使视觉感受完整的目的（图3-13）。

（a）　（b）

图3-13

（3）色彩

色彩是书籍封面设计不可或缺的要素之一。色彩能够带给人不同的心理感受，色彩也能够比文字更快地吸引人的注意力。因此，书籍封面的色彩搭配就显得尤为重要。书籍色彩的搭配应根据书籍的内容进行。例如，教科书或内容严谨的书籍可选择冷色调，体现理性感；儿童书籍往往是采用纯度高、对比强的亮丽色彩来进行搭配；女性书籍则会选择明度高、纯度低的暖色调来设计，以体现女性的柔美之感（图3-14）。

（a）　（b）

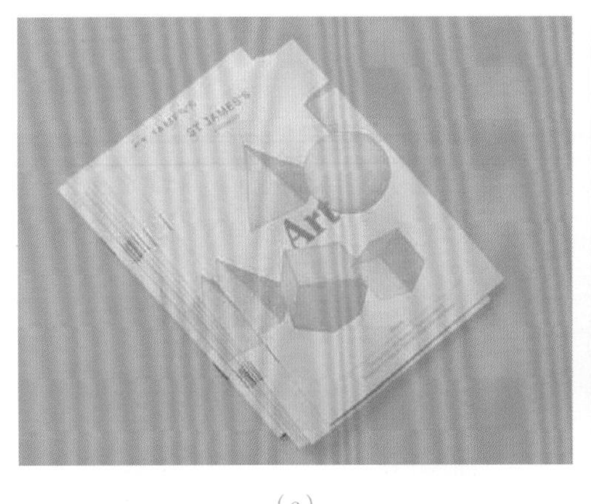

（c）

（d）

图3-14

（4）材料

现代书籍封面的材料一般使用纸张。封面要起到保护书籍的作用，因此其纸张比内页纸张厚，平装书一般使用铜版纸、铜版卡纸或各种特种纸张。32开的书籍封面一般使用157克以上的铜版纸，16开一般使用200～300克的铜版纸。

精装书的封面还会使用到硬纸板，荷兰板是一种常见材料，这种材料质地轻而挺立，时间长了也不容易起翘。还有一些特殊的书籍因为成本宽裕或用于收藏，会使用特殊的材料作为封面，如布料、木板、皮革等。同时，现代书籍封面的印刷工艺也逐渐提高，各种印刷效果将书籍封面表现得更加完美（图3-15）。

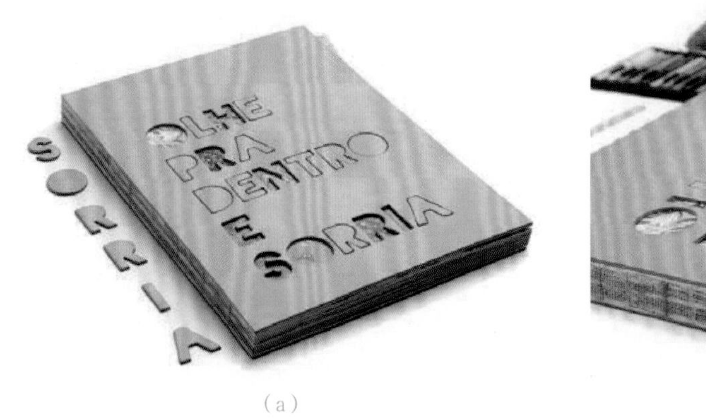

（a）

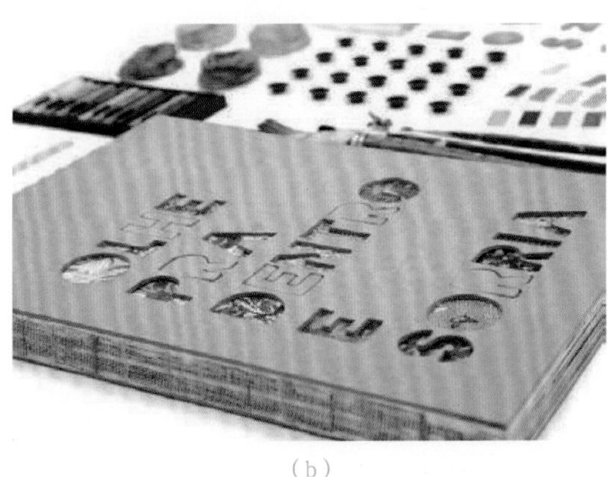
（b）

图3-15

（5）工艺

现代印刷常使用的工艺包括铅印、胶印、平订、胶订，还有覆膜、烫金、烫银、凹凸印、UV印刷等（图3-16、图3-17）。

（6）书脊

书籍封面设计除了书籍前封和后封设计以外，还有一个重要的设计部分，即书脊的设计。由于书籍大多数时候是放置在书架上的，只能看到书脊上的内容，它就如同书籍的第二张脸，非常重要。书脊又被称为“封脊”，是由书籍的内页达到一定厚度后装订起来形成的。在精装书籍中，书脊的样式分为方脊和圆脊（图3-18、图3-19）。除此之外，书脊还有活书脊与死书脊之分。

图3-16

图3-17

图3-18

图3-19

书脊的部分往往是窄长而狭小的，但却是一个难能可贵的表达书籍情感的地方。一个成熟的书籍设计师应该十分重视书脊的设计。怎样才能设计出一个好的书脊？我们应该注意以下几点：

①书脊的功能性。书脊存在于整个书籍中，它具有传递信息的功能，读者可以通过书脊了解书籍的类型、作者、出版社信息。如果是系列丛书，那么还会有丛书的信息。需要注意的是，书脊上面必须具有书名与出版社名，否则是不允许销售的。

②书脊的艺术性。书脊虽然具有很强的功能性，但也应具有自己独特的艺术性。它的艺术性在于使用强烈的视觉符号来营造有趣的艺术形式，又用直观的艺术表现来传达信息与吸引读者。

③书脊的整体性。书脊并不是孤立地存在于封面上，而是与整个书籍融为一体。在书脊设计上，其风格要与整个封面统一、呼应。书脊上的设计要素可以是书籍封面上的元素重现，如书名，书脊上的书名一定要与封面上的书名字体一致。书脊上应使用封面上的图案元素，可以整体使用也可局部使用，这样可做到二者互为呼应。再者，书脊可与书前封与书后封使用一张完整的画面，画面在这 3 个部分得到延续，这样可以得到更加统一、整体的效果。在设计系列书籍时，对于每本书的书脊部分也要保持各个要素的严格一致，这样才能让读者在视觉上形成系列书的感受；或者将整个画面放置到每本书脊之上，在展示时便可以得到一个完整的画面效果。

书脊在前面介绍过，有活书脊与死书脊之分，因此设计者要注意这个问题。书脊的厚度不同，有时还会发生变化，所以书脊的厚度在设计时需要多预留一些。这样一来，即使书脊厚度有变化，也可以保证书脊上的信息内容处于居中的位置，这样处理的书脊我们称为活书脊。死书脊就是把书脊的厚度计算得完全精确，采用这种方案最好事先做一本样书，以取得确切的厚度，否则书脊容易出现偏差。

书脊设计好后，我们还要把握书脊的装订质量，这也是影响书籍整体美观的因素之一。

书脊虽然只是书籍设计的一个局部细节，但这个细节往往会对整体效果产生很大的影响。作为一名合格的书籍设计师，一定要关注细节部分，很多时候细节会决定成败。

（7）封底

封面里面还包含了封底的内容设计。过去一段时期，封底因为要节约成本而被书籍设计者所忽略，使得现今仍然有一部分人认为封底不重要，认为书籍设计只需要在封面上做文章就可以了，这样的设计观念显然已经与现代书籍的发展格格不入了。英国哲学家培根认为，“美不在部分而在整体”，从审美上阐述了整体美的重要性，而封底作为封面的一个部分，显然是应该融入整体艺术表现的。试想一本书，封面设计得很好，结果封底一片空白或设计得非常马虎，是否会让读者产生一种失落感与遗憾感呢？那么，在封底的设计上需要注意哪些地方呢？首先，封底设计应该与封面设计相统一。其次，与整个书籍封面保持连贯性。再次，把握好与封面设计之间的主次关系。最后，充分发挥封底的作用。

封底上可以放置的内容包括：

①书籍的内容介绍。

②作者简介。

③封面图案的补充或图案元素的重复。

④责任编辑、书籍设计者署名。

⑤条形码，定价。

当然，这些内容除了条形码与定价必须具备外，其他的可以根据需要而进行删减。

2）腰封设计

图3-20

腰封在现代书籍中使用得较多，它能为书籍带来不同的感受，同时具有一定的功能性。腰封也叫环套、封腰，是指在书籍封面上的高度一般为5厘米的护封，因为它的形态像人的腰带而得名。书籍的腰封高度除了一般的5厘米外，也可根据书籍的开本大小与设计创意作出灵活的形态或尺寸变化。在腰封上一般可介绍书籍的主要内容、作者或其他名人对书籍的推荐性的语言，同时也能起到保护书籍的作用。腰封的形态一般为长方形，但一些书籍由于设计需要，也会对腰封进行异形处理（图3-20）。

3）书函设计

书函一般在精装书里使用，又称为书盒、函套、书套等。它是书籍包装的外壳、外套、外盒的总称。书函适合精装书、丛书或多卷书使用，主要起到保护和归类的作用，使书籍方便携带，利于保存或收藏。书函可以使用多种材料制作，木材、皮革、布料等都是书函常用到的材料。由于材料丰富多样，因此它对书籍整体的设计感与艺术感都能起到提升的作用（图3-21、图3-22）。

图3-21

图3-22

4）勒口设计

勒口是指在书前封与书后封的书口处再延伸的部分，并且这一部分是向书内折叠的。精装书必须具有勒口，使书籍封面能依附在精装内壳上。平装书可以不要勒口，这样可以节约一定的成本并且显示出简洁的美。现代有介于平装与精装之间的一种书籍装帧形态，很多平装书也选择了使用勒口，它的使用为平装书增添了些许高雅与韵味。这种装帧形态的出现有两种原因：一是为了美观；二是起到保护作用，防止书籍封面出现卷曲。平装书如果封面选择的纸张较薄，书口就会起卷，不利于保存，也不美观（图3-23）。

图3-23

勒口的设计可宽可窄，如何把握勒口的宽度，由两个方面决定：一是成本，即一张纸计划开多少个封面；二是设计师对勒口功能的理解和对艺术性的把握。勒口近些年来得到书籍设计师们的重视，主要出于对以下两个方面的考虑。

（1）勒口的审美功能

勒口是十几年前在我国的平装书上开始使用的，早期书籍的大部分勒口并不是有意识地设计而成，它仅仅作为书籍封面的一个延展部分，起到保护书籍封面不起翘的作用。近年来，勒口逐渐成为一个被书籍设计师看重的部分，将它纳入设计，在勒口的部分设计上一些文字或图案，使其与封面相呼应。读者随着翻阅书籍，能够看到勒口处完整的表达，在视觉上得到充分的享受。

（2）勒口的信息功能

勒口刚受到重视的时候，一些出版商会在上面印一些书籍广告或出版的最新书目。随后，出现在勒口上印作者的简历和肖像的情况，以拉近读者与作者的距离，使读者对作者有一定的了解，从而增加亲近感。还有的书在勒口印上书籍的内容介绍、内容梗概，或者将书籍封面的图案延展至勒口处。可见，勒口还具有信息传递的作用，能为读者提供更多的信息。设计者应对勒口进行精益求精的设计，使整个书籍封面显得更加精致，把勒口设计视为书籍设计“全粹之美”的一个难得的表现机会。

3.3.2 内部因素

1）环衬设计

环衬是“连环衬页”的简称，它是书籍封面与书芯之间、扉页之前的一张对折双连的两页纸。在封面之后、扉页之前的叫“前环衬”，在书芯之后、封底之前的叫“后环衬”。精装书的环衬一般使用厚实坚韧的纸张粘贴在封面和封底内的一面，加固书芯与书封面的连接，使书籍封面不容易脱落。平装书由于考虑到成本，有不放环衬的；也有在书前封之后、扉页之前只放一张纸，在书芯之后、后封之前也只放一张纸的，这种形式称为“单环”。“单环”在实际印刷时会和扉页使用同一种纸张，连在一起印刷，称为“环扉”（图3-24、图3-25）。

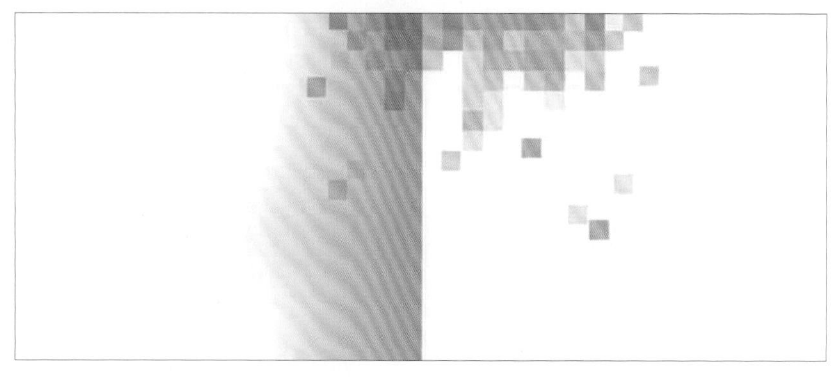

图3-24

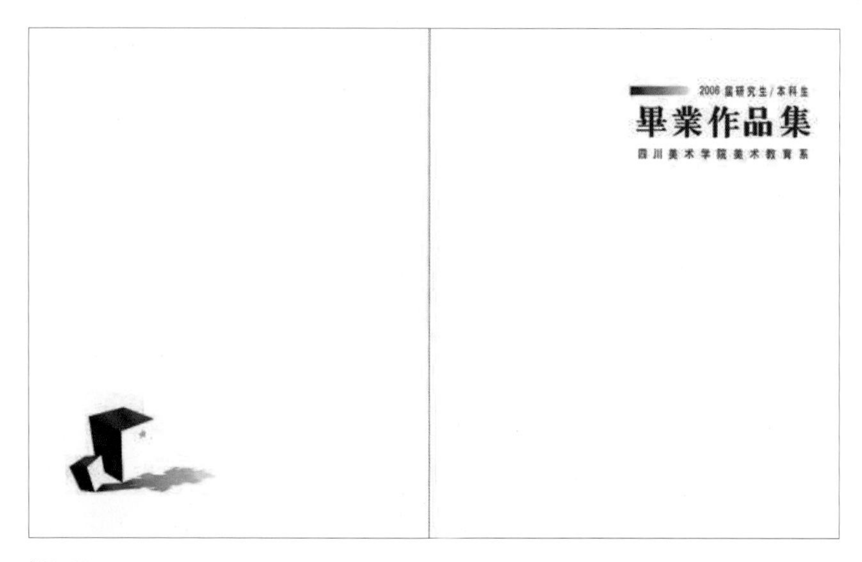

图3-25

环衬的设计美在于它与整个书籍的关系。它的美是在书籍设计的整体中体现的，而不是孤立存在的。环衬的纸张往往会选用色彩淡雅或带有肌理感的，那么，它的选择就会受到书籍整体设计的限制，需要考虑哪种色彩与封面更加合适，哪种色彩与内容的关系更加和谐、更有韵味。这需要我们在设计实践中通过对美的关系来理解和感悟。法国的哲学家狄德罗有著名的美学论断——“美在于关系”。他认为：“美总是由关系构成的。”所谓关系，就是指构成部分之间的秩序、对称、组成等，通过这种关系去感悟环衬与扉页、环衬与封面等要素的关系是否富于美感。再凭着这种“关系论”来判断环衬的方案在整个书籍设计中的秩序、比例、配合关系即可。

环衬的设计除了这种关系美之外，还要注意它在动态中所展现的美感。当读者在翻阅书籍这样的动态活动中，封面、环衬、扉页、正文是依次出现在其视线里的，在这样的动态中进行阅读，环衬与其他部分的关系就在动态中由读者进行审美的判断。这说明美不是僵硬的，而是多层次、多因素的动态系统。我们在进行书籍设计时，必须树立动态的设计观。

环衬设计要遵循两个原则：一个是“统一”原则，另一个是“变化”原则。两个原则看似矛盾，实则不是；“统一”是在书籍设计的整体中统一，“变化”是在统一中求变化。环衬的统一感体现在统一的书籍设计整体风格的关系中，环衬的图案设计、材料选择、色彩搭配都应该服从书籍整体美的需要，不能脱离整体设计的风格。如果在一本古朴的书籍中出现一张富丽堂皇的环衬，不管环衬的材料多好、色彩多美，都破坏了书籍的整体感，从而显得俗气与浮夸。

那么，“变化”在环衬的设计实践中是考虑最多的部分。如何在统一中去寻求变化，如何在重复中去凸显个性？在整体的书籍设计中，只有统一中求变化，由此产生节奏感，才能表达出书籍设计艺术的形式意味。在具体的设计实践中，我们可以在图形上进行繁复与简约的对比，在色彩上进行纯度、色相的对比，在材料的选择上进行肌理感的对比，通过不同的对比产生不同的感受。这都是在整体中求差异和变化的方法，这样的节奏变化会给书籍带来无限的魅力。

作为环衬，是以简约、含蓄的形态出现的，这样的表现是为了让读者在经历了封面的精彩后冷静下来，通过虚空的环衬进行思维的想象。

环衬的魅力通过简约、空灵的设计传达给读者，给人以想象的空间和微妙的象征。成熟的书籍设计师在环衬的设计环节将内心对文字的感悟倾注于无言的纸张和简洁的色彩中，以“空”“静”“虚”的表达使读者达到心与书的相融，成为人与书籍进行情感交流的特殊的感性形式。

环衬在书籍设计中是不可替代、必不可少的一个部分，能让读者在潜意识里体会“无画处皆成妙境”的感受，从而做好阅读正文的准备。

2）扉页设计

扉页是书籍设计中不可缺少的一项内容。扉页也被称为书名页，是位于封面或前环衬页后面的一页。扉页的设计历史悠久，中国古代书籍最初的扉页出现在元代，但并没有被普及，直到明末才开始盛行。欧洲最早的扉页出现在1463年，是由德国人彼德·舍费尔为国王查理四世印刷的敕书设计的。15世纪末、16世纪初，扉页开始在欧洲书籍中得到广泛应用。扉页上的内容与封面相似，由书名、作者名和出版社信息组成，整个页面不宜设计得过于烦琐，同时要避免与封面设计雷同；其编排版式上应与封面风格一致，但又应有所区别。格式基本上是在版面里竖分三栏，正中一栏放置书名，右边偏上放置作者姓名等相关信息，左栏下方放置出版社信息或题字者姓名。扉页上字体的选择以简洁明快为主，不宜选择过多的字体，这样易缺乏整体统一感；色彩对比也不能强烈，一般不超过两个颜色，目的是使读者的心理逐步平静下来，从而进行正文的阅读，这是视觉心理的诱导过程。当然，不是所有的书籍都遵循这个规律，扉页也要根据书籍不同的内容灵活设计，如儿童类书籍在进行扉页的设计时，应根据读者年龄、心理、生理的特点，更侧重于色彩的表现力和强烈的对比感。扉页的背面可以是白页，也可印上一些文字内容作为版权页使用（图3-26、图3-27）。

图3-26

图3-27

当今的书籍设计越来越考究，扉页的设计也不再是简单地表现，而应该将扉页作为精微的设计之处来体现书籍整体的美。这就要求扉页设计精湛，以体现一种考究的美感。

3） 版权页设计

版权页的放置有两种情况：一种是放置在扉页的背面，另一种是放置在书籍的最后一页。版权页的内容包括图书在版编目（CIP）数据、书名、丛书名、编者、著者、开本大小、印张、字数、出版时间、版次、印次、印数、国家统一书号和定价等。版权页具有版权法律意义，是国家出版主管部门检查出版计划情况的统计资料。在版面的编排上，版权页没有固定的版式，只要求字号小于正文字号、版面设计简洁即可。

4）序言设计

序言是指作者或他人为书籍内容所写的一段短文，短文内容可以是阐明书籍内容的意义，也可以是他人阅读书稿后为其所作的推荐性文字。其作用是向读者交代出书的目的、意图、编著者编著经过，强调主要成果或感谢参与编写工作的人。序言页主要是在文字编排上下功夫，进行纯文字的版面设计，在不影响阅读的情况下进行具有设计感的编排设计（图3-28）。

5）目录设计

目录页通常情况下是放置在扉页或前言的后面、正文的前面。目录是全书结构和内容的体现，记录了全书各章各节的内容，方便读者查阅和快速浏览内容。目录中的标题层次较多，因此在对目录页进行设计时需要简洁明了、条理分明（图3–29）。

图3–28

图3–29

6）章节页设计

章节页在书籍的章节之间，起到承上启下的作用。章节页的设计要导向性强，由于章节页往往有多张，故每章的章节页之间一定要既有联系又要有所不同（图3–30）。

（a）

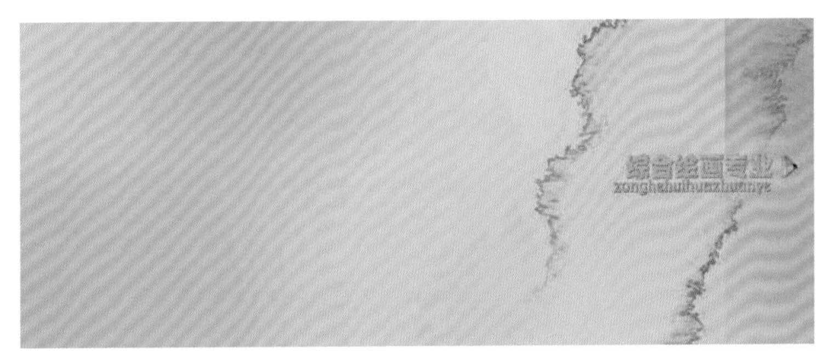

（b）

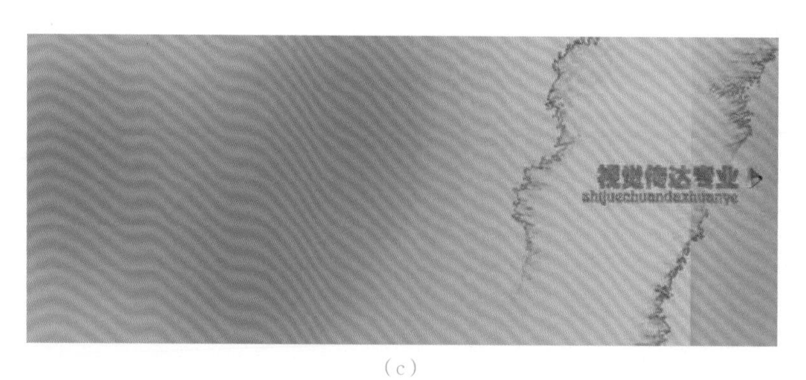

（c）

图3-30

7）细节设计

图3-31

现代书籍设计已经不再局限于封面的设计，作为一个整体的六面体设计，书籍内容里的任何一个细节都应当引起重视并进行合理的设计（图3-31）。

现代书籍在内文结构上把几十万字或上百万字分为篇章或卷，依次下去就分为章节等。那么这些章节使用什么字体、选择什么字号、标题怎样留空才合适，这一切都要利用视觉规律里的“阅读的停顿与强调”来判断。要求书籍读起来既流畅又有内容的分割停顿，能带给读者视线流动的节奏感。研究不同字体、字号在黑白空间中对读者造成的不同视觉感受是版式设计者的重要工作内容之一，虽然对篇、章、节字体的设计能力是每一个文字编辑的基本功，但是，作为一个书籍设计师，也必须掌握这些基本功。

无论是西方书籍还是东方书籍，篇、章、节的设计都会得到重视，都是经过精心推敲编排出来的。我们在设计时要注意以下几点：

（1）单页码起与双页码起

篇、章页一般安排在单页码上，如果上一篇、章的文字在单页码结束，则空出一页，新的篇、章标题就从下一个单页码开始。篇、章页的标题也可出现在双页码上。

（2）字体字号的选择

按照篇、章、节的顺序，字号由大到小地进行选择。这样的字号选择能够形成由大到小的变化，造成视觉上由强到弱的层次感，读者在阅读时能够感到书籍结构分明、条理清晰。在每个层次里又由于字体的不同，在统一与和谐中体现变化，丰富了视觉感受。

（3）篇、章页字体变化

字库中的黑体、宋体等字体可以交替使用，如将粗壮的黑体作为标题使用，娟秀的宋体作为正文使用。这样既能够满足阅读时对视觉的舒适感要求，又能够体现出区别，形成篇、章页简洁的形式意味。

（4）篇、章页的装饰

篇、章页的装饰体现在页码、页眉、装饰图案上，在设计时要注意整体风格的统一，选择与书籍内容相符合的视觉符号。

3.4 书籍“五感”探索

书籍设计是一门关于信息传达的系统设计，其功能在于能够恰当地运用理性思维驾驭信息的传达技巧，使信息能轻松、合理、自然地传达给受众。《考工记》里记载：“天有时，地有气，工有巧，材有美，合其四者，才能为良。”说明那些仅有好的材料和好的工艺技术，却缺乏整体设计构思的书籍，最终只能形成华而不实的表现，仅仅是材料和技术的体现，而不是具有灵魂的能够传达思想的书籍。著名社会活动家胡愈之说过：“一本好书，应当是一件完整的艺术品。一本好书，一定是思想内容、文字插图、标点行格、排版样式、封面装帧都是配合得很匀称、很恰当的，书的内容和形式要能求得一致，表达出一本书的独特风格，这样才真正算得一本好书。”所以，好的书籍设计应当是全方位的，它既能传达书籍的精神价值，又能提升书籍的内涵。

针对书籍设计的全方位表达与书籍主体内涵的深层发掘，杉浦康平提出了关于书籍设计的“五感”理论：“书的表达需要五感，即视觉、听觉、触觉、嗅觉、味觉。”（转引自吕敬人《书籍设计艺术语言的表现力——由装帧到书籍设计概念转换的思考》）这“五感”理论对当代书籍设计产生了巨大的影响。吕敬人又在此基础上作了进一步的论述：“把握当代书籍形态的特征，要提高书籍形态的认可性、可视性、可读性，要掌握信息传达的整体演化，掌握信息的单纯性，掌握信息的感官传达。”（同上）这里所说的信息的感官传达，便是杉浦康平提出的书籍的视、听、嗅、味、触“五感”。书籍“五感”的表达，是优秀书籍设计作品的生命活力之所在，也是对书籍的各个方面进行整体把握与综合设计的原则。

杉浦康平的“五感”源于佛教的观点。佛教认为在生命的层面中，生理方面的眼、耳、鼻、舌、身、意是“六根”，“六根”既是产生烦恼的根源，但同时也是转识成智，促使生命进入清明世界的根本所在。众生需要通过磨砺自己的“五感”和意识，才能感悟到宇宙和生命的本源，以开启无上的智慧，获得完美的生命状态。这些虽是佛教理论，但是对书籍设计而言，却有着异曲同工之妙，杉浦康平的书籍“五感”即源于此。“五感”作为人的感觉感官，其对应的五官是人的内在生命与外部世界沟通交流的窗口。由此，可将书籍设计看作对生命的发掘与表达。当一本书具有能够表达生命的力量并且与人类生命产生共鸣时，所产生的力量是巨大而且持久的。

吕敬人先生在其著作《翻开——当代中国书籍设计》中提道：“一本理想的书应该体现和谐对比之美。和谐，为读者创造精神需求空间；对比则是创造视觉、触觉、听觉、嗅觉、味觉‘五感’之阅读的舞台，最终达到体味书中文化意蕴的最高境界。”对于现代传统书籍而言，“五感”的体验对于读者来说显得越来越重要，并且传统书籍优于电子书籍之处也在于此。

3.4.1 听觉

“剪纸和吹纸，叠纸和敲纸，亦形亦音，都表达了人的梦想。我的《纸乐》的确是由实而虚，由虚而幻，由幻而响。”——谭盾。谭盾是我国著名的指挥家与作曲家，他在2009年用纸作为乐器，创作了《纸乐》这一场演出，他这次演出使纸张不单单是承载文字的载体，更成为声音的传播者。书籍设计的听觉效果，是由材料和工艺共同唱响的乐曲，在设计中材质的不同与厚薄以及工艺的差别，都会给我们带来不同的听觉感受。纸张作为书籍的主要材料，带给人以听觉的享受和设计的灵感。当读者翻动书籍内页时，纸张摩擦产生的声响随着材质的不同而变化。除了纸张本身的声响外，在书籍中添加声音也是设计师常用的方法，特别是在儿童书籍中，使用得很广泛。如这本关于京剧的书籍，在打开封面的时候就会有京剧音乐出现，通过光控来进行声音的传播，是对书籍听觉感受的尝试（图3-32）。

图3-32

3.4.2 嗅觉

人们能根据生活经验来分辨味道，同时，气味能唤起人的一些特殊情结。书籍的嗅觉主要从两个角度来感受：一是指书页翻动时嗅到的书卷之香。打开书时，油墨香混合着纸张的气息扑面而来，字里行间，让人身心愉悦。二是概念书籍设计中气味的应用。现代书籍设计师尝试在一些概念书籍中加入气味应用，使读者得到视觉和嗅觉的双重愉悦。例如，在介绍花卉的书籍中添加相应的花香，能使人感受深刻。现代先进的印刷技术已能够解决香味印刷的问题，该种印刷技术称为香味印刷。这种印刷方式的关键之处是将香料封入胶囊中，按照需要掺入油墨，再按照画面的内容选用相应的油墨进行印刷。阅读时，用指甲或硬币擦蹭印刷画面，使油墨中的胶囊破裂，封在胶囊中的香料便飞散出来，暂时飘浮在空气中。这种香料气味在印刷品中的保留期较长。

3.4.3 视觉

视觉，是书籍的形象，是一本书给读者最直接也是最重要的艺术感受，它伴随着一本书从发现到阅读完毕的全过程。书籍的视觉艺术是一种特殊的艺术表现形式，是对书的主题内容的辅助表达。它通过对材料、工艺技术、图形和图像等元素的整合，体现出内容和艺术性的统一关系。它能够在第一时间通过视觉的传达，给读者形成一种感性的认知；也可以让读者通过仔细阅读，体味到字里行间所流露出的独到匠心，对触觉、听觉、嗅觉、味觉等感受的效果有推波助澜之效。因此，在设计书籍时，首先，要强调其主体性，恰当地表达思想内容。其次，才是彰显书籍的艺术性，以此调动读者的审美情绪。在设计上着重烘托主体，注重设计定位、读者定位和对主体潜在美的传达（图3-33）。

3.4.4 触觉

触觉，是读者的肌肤对一本书的感觉，它的感知主要依附于书籍材料和印刷工艺。触觉是仅次于视觉的感觉，由于不同材质、肌理的纸张在读者的抓握与翻阅等碰触过程中，对其心理产生不同

（a）

（b）

（c）

图3-33

的影响，通过眼视、手触等感觉方式贯穿于阅读与艺术欣赏的全过程。因此，在设计中要重视设计时的材料选择并合理地应用制作的工艺，使之与书籍内容及整体设计相协调。不能盲目使用特种纸张，追求豪华的形式，而要着力寻找与书的内涵紧密相关、与整体风格协调的材料、工艺和艺术表达形式，恰如其分地反映主题对象的内在精神品质，使作品更具亲和力和感染力，使读者产生亲近感。所以，材料与工艺不止是信息的载体，还具有与读者进行情感交流与沟通的功能。可见，书籍设计的材料与工艺所产生的触觉效果，是书籍设计中需要精心考虑的。书籍设计常用的材料包括纸材、木材、布料、皮革、金属等，不同材料触摸起来的感受大不相同，如金属给人以稳重坚实感，布料给人以轻薄感等。根据书籍的不同内容选择不同的材质，再结合书籍中的图形、文字、符号元素，形成强烈的视觉冲击力、感染力和传播力（图3-34）。

图3-34

3.4.5 味觉

味觉，是由眼看、耳闻、鼻嗅、手触、心读所共同给读者奉上的感受。

这里的“味觉”，不单是感官上的刺激，它更强调对书籍进行“品味”。书籍设计是一个整体概念，除内容外，它还包括形式、形态、传达方法等诸多设计元素，各种元素相互交融所传达出的整体气息，构成书籍的“品味”。

眼、耳、鼻、舌、身各个感官彼此沟通，视觉、触觉、味觉、嗅觉、听觉“五感”相互转化，并调动自身的生命体验和审美经验，让人性与艺术得以自然地展露，彼此交融。

对于现代书籍而言，味觉是最难融入书籍的一种感官感受。人们常说：“观其色知其味。”因此，在现代书籍设计中常利用色彩心理来表达情感与内容的一致性，恰到好处的色彩运用，让读者进行一次美妙的味觉体验。

3.5 版式设计

对于书籍来说，版式设计是书籍的一个重要的构成部分，是视觉传达的重要手段，是信息传递的直观形象。版式设计的宗旨是在一定的版面上将文字、图形、色彩等视觉符号进行合理的排列组合，通过整体形成的视觉节奏感和冲击力将要表达的信息有目的性地表现出来。版式设计包含了技术设计和艺术设计两层设计，具有二重性，成功的版式设计能将技术与艺术融合为一体。

版式设计的技术性是研究版式设计的科学性，即阅读时的便捷、视线流动的规律。例如，字距和行距就是技术设计的重要内容。字距、行距太小，会造成读者阅读费力的感受；字距、行距过大，又会造成阅读起来断断续续的感受。不管过大还是过小，都会形成视觉阅读障碍。因此，技术设计就是在遵循视觉规律的前提下进行设计。

版式设计的艺术设计呢？艺术是情感的符号，版式设计也是读者和设计师之间的情感交流。设计师要将视觉要素转化为情感体验，就要在版式设计中通过点、线、面的设计，充满形式意味，使整个版面具有意境，引人联想。

3.5.1 版心

版心是指每页版面正中的位置，每页其余的位置留有空白的地方的上方空白称为天头，下方空白处称为地脚，靠装订一边的空白称为内白边，相反的一边称为外白边。一般书籍版心在版面上的位置是居中略偏下，即天头大于地脚，这样的版面关系方便阅读。版心的大小由于书籍开本的大小、书籍内容种类的不同而有所变化（图3–35）。

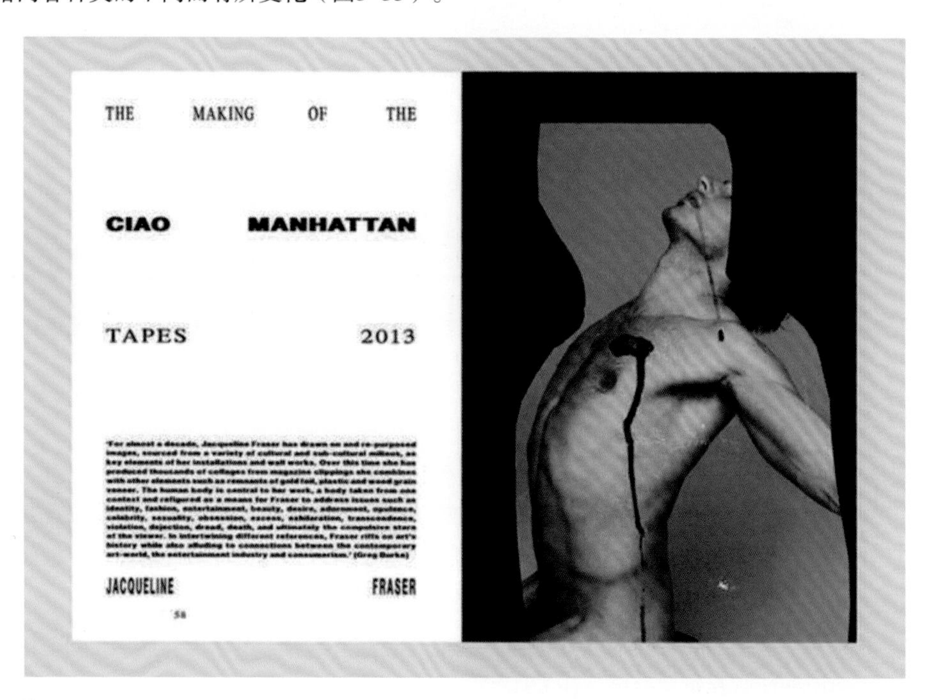

图3–35

3.5.2 文字排列方式

在书籍的版式设计中，文字的排列方式有两种：横排和竖排。目前，大多数书籍都采用横排的排列方式，文字自左向右、自上而下地排列。这样的排列方式是为了便于阅读。

从生理现象来看，眼睛横看视野比竖看视野要宽。根据实验证明，眼睛直着向上看可看到55°，向下看可看到65°，共120°；横着向外看能看到90°，向内可看到60°，两眼相加可看到305°。可见，横看的视野要大得多，横向阅读能够减少目力损耗。按照阅读习惯，每行字的长度一般在80～105毫米（图3-36）。虽然大多数书籍是采用这样的阅读方式，但也有一部分书籍因为内容需要而使用竖式的排列方式。

why vote?
SEE THE VOTERS GUIDE
THE SHORTHORN
Country star promotes stadium vote
Those holding the most weight with students are often those they see the most
FACING INFLUENCE
Still in the Stands
Darovich's departure doesn't mean goodbye
Dean finalists to give presentations
Women's golf, soccer get positive feedback

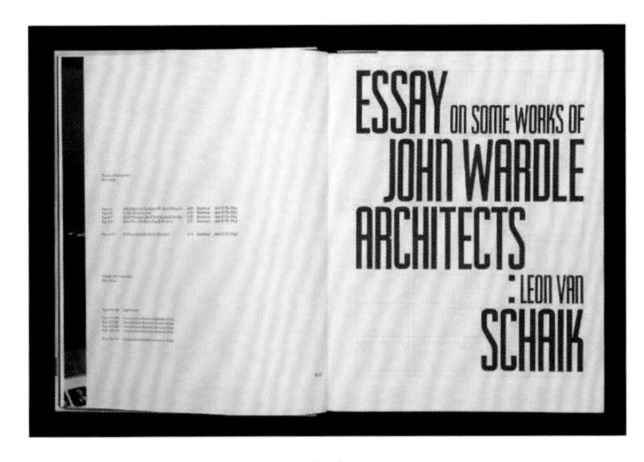

（a）　（b）

图3-36

3.5.3 字体、字号、字距、行距的使用

书籍正文字号的大小会影响到页数。汉字的字体适合阅读的字号一般为8～11磅，儿童读物因为儿童视觉的原因，多会采用16磅。

字距是指字与字之间的距离，行距是每两行字之间的距离。如果文字较少、版心较大，行距可为字高的2/3，但最大不能超过一个字的高度（图3-37）。

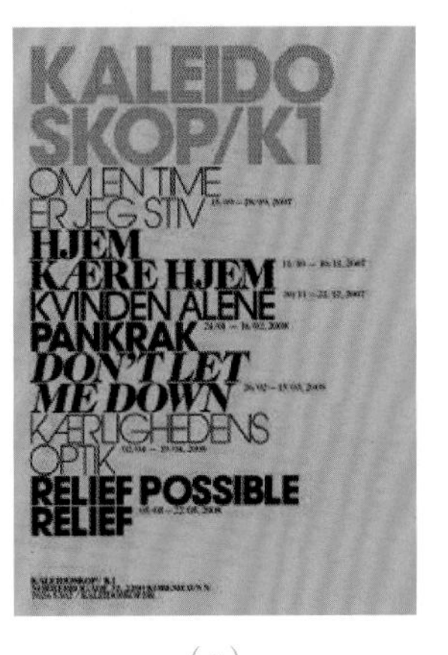

（a）　（b）

图3-37

3.5.4 版式设计原则

1）理性的规范性原则

版式设计是在符合人的阅读习惯和阅读心理的前提下进行的艺术化的整合，因此，版式设计的功能性是第一位的，它必须遵循规范性的原则。这包括三个方面：一是版心位置，空间的规律；二是行距的规律，行距的空隙不能破坏视觉规律；三是使用字体、字号的规律，如阅读性文字一般使用宋体，标题一般使用黑体（图3-38）。

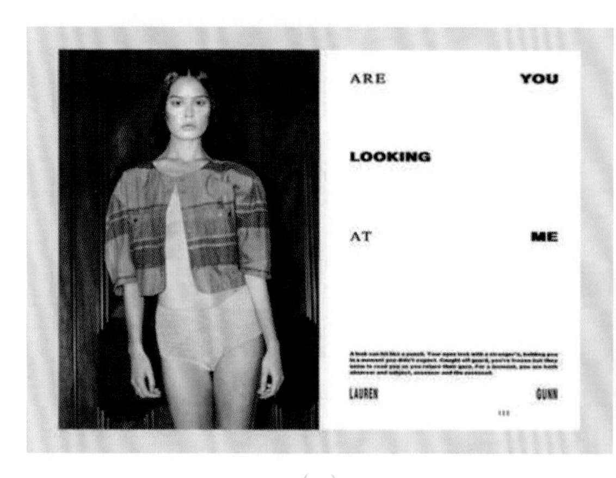

（a）

（b）

图3-38

2）感性的情感性原则

前面提过版式设计是技术设计与艺术设计的结合，因此版式设计包含了艺术设计的内容，艺术是美的追求，是情感的显现，版式设计需要表达艺术内涵。在版式设计中，一段文字的摆放、一个符号的点缀、一段线条、些许空白，都能够体现出艺术设计的形式意味。西方美学家苏珊·朗格在《感情与形式》一书中提到，“艺术是情感符号”而“情感符号不是在推理中产生的，而只是表象符号——艺术是人类感情的符号创造形式”。中国国画讲究“意境”，中国的书籍设计师也能在版式设计中去营造“意境”（图3-39）。

3.5.5 版式设计中的留白

对中国书籍设计发展起到重要作用的鲁迅先生曾说：“我于书的形式上有一种偏见，就是在书的开头和每

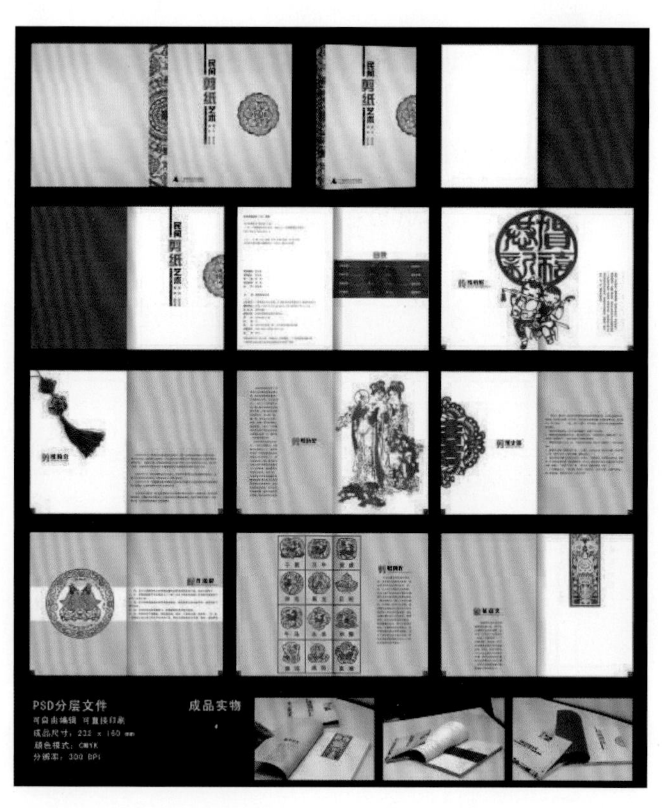

图3-39

个题目前后，总喜欢留些空白。”他特别指出：“较好的中国书和西洋书，每整本前后总有一两张空白的副页，上、下的天头、地脚也很宽。”他认为当时出版的一些书籍没有副页，天头、地脚留得过少，整本书都是密密麻麻的黑字，这种版式有一种“压迫和窘促之感”，使人失去了阅读的乐趣。他把版式中的空白从视觉的形式美感上进行了说明。由此可见，版式中的留白已经不仅能获得视觉上的舒适感，更能使书籍达到一种阅读的审美意境。

中国国画讲究意境留白，书籍设计中的版式设计同样适用这样的表达，无论是扉页的空白，还是篇、章的空白，设计者都进行了视觉空间的营造，在这无迹的虚无缥缈中享受文雅的书卷之美。极端一点说，一本书没有空白就没有营造空间，就难以实现正常的阅读。优秀的书籍设计师能赋予空白以各种使命，让空白在无形中提示文字的开始、顿挫、结束……在空灵中充满意味。“空白”在中国的书籍艺术家心中有着中国文化独特的精神内涵，老子曰“大象无形”，意思就是说形象是看不见的，空白是形象的独特存在形式。所以，空白是一种无形的语言，能让艺术家们觉得美。书籍中的静美不能缺少“空白”所营造、烘托出的书卷气。

一些书籍版式设计为了追求形式感而设计得过于花哨，使书籍失去了品位，同时也不利于阅读。书籍版式设计应该是静而不是乱，版式设计要多给读者留一点“空白”，让读者有一些自由想象的空间。

需要注意的是，空白也不能滥用，不能走上另一个极端，过分去玩弄“空白”，制造无谓的空间。过多的留白使用不但不美，同时也不利于读者阅读。所以，空白一定要掌握好“度”，以是否利于人阅读为标准，将功能性放在第一位，达到实用与审美的协调统一（图3-40）。

（a） （b）

（c） （d）

图3-40

3.5.6 版式设计中的补白

书籍设计内页的版式需要适当的留白来进行想象的空间营造。但是，如果在版面中出现了过大的留白，版面就会显得空，这时候就需要进行补白了。需要补白的地方常出现在篇、章的结尾处，这些地方的空白往往较多，可巧妙地安排一些精致的图案来进行装饰。补白不是可有可无的，它关系到书籍整体品位，是细节设计的体现（图3-41）。

10 YEARS AND COUNTING

CELEBRATING THE OPENING OF

GUG GEN HEIM BILBAO

Text: Chris Dove Photos: Courtesy of Guggenheim

REMEMBER WHERE YOU WERE 10 YEARS AGO THIS MONTH, ON [illegible] OCTOBER [illegible]? IF YOU WERE AT THE OPENING OF SPAIN'S GUGGENHEIM MUSEUM BILBAO THEN CONGRATULATE YOURSELF FOR WITNESSING AN HISTORIC CULTURAL EVENT – ONE THAT CONTINUES TO MAKE WORLDWIDE HEADLINES IN MODERN ART AND ARCHITECTURE CIRCLES. ________ DESIGNED BY PRITZKER PRIZE-WINNING CANADIAN ARCHITECT FRANK GEHRY, NEWS SPREAD QUICKLY THAT THE MOST EAGERLY AWAITED OF THE GUGGENHEIM BRAND HAD OPENED ITS DOORS. WITHIN LESS THAN A YEAR IT HAD RECEIVED OVER [illegible] VISITORS. ________ IN 1991, BASQUE AUTHORITIES APPROACHED THE SOLOMON R. GUGGENHEIM FOUNDATION WITH AN INVITATION TO HELP REVITALISE BILBAO AND THE BASQUE COUNTRY IN NORTHERN SPAIN. THE FOUNDATION WELCOMED THE PROPOSAL FOR MEETING THEIR OBJECTIVE OF HOSTING DIFFERENT CULTURAL CENTRES AROUND THE WORLD. AND WITH THE NEW SITE IDENTIFIED, CONSTRUCTION WORK BEGAN IN OCTOBER [illegible]. ________ RELYING HEAVILY ON SOPHISTICATED 3D SOFTWARE, GEHRY ADVISED THE STRUCTURAL ENGINEERS ON HOW TO BUILD THE BILBAO MUSEUM'S SIGNATURE RIBBONS OF METAL, GLASS, TITANIUM AND WOOD WHICH DRAMATICALLY SHOWS OFF ITS WATERSIDE LOCATION ON THE NERVION RIVER. ________ COMMENTING ON THE MUSEUM'S COMPLETION IN OCTOBER [illegible], GEHRY POINTS OUT IN THE FILM SKETCHES OF FRANK GEHRY", "CREATIVITY IS ABOUT PLAY AND A KIND OF WILLINGNESS TO GO WITH YOUR INTUITION." WHILE GEHRY FANS ARE CALLING FOR "A BIG-BUDGET HOLLYWOOD PRODUCTION AS PROFOUNDLY MOVING AS THE BILBAO GUGGENHEIM", THEY CAN JOIN THE MUSEUM'S 10 YEAR CELEBRATIONS BY VISITING ITS SPECIAL ANNIVERSARY WEBSITE AT WWW.GUBILBAO.COM.

图3-41

4　材料之美

4.1 纸张的分类

纸张材料是书籍存在的物质形式。印刷用纸按用途分为新闻纸、书刊纸、封面纸、币纸、包装纸等；按印刷要求又分为凸版纸、凹版纸、胶版纸等；按包装分，又有卷筒纸和平装纸两种。现就实际常用纸张作如下简介。

1）新闻纸

新闻纸俗称白报纸，其特点是松软多孔，有一定的结构强度，吸收性好，能使油墨在很短时间内渗透固着，折叠时不会黏脏，用于在高速轮转机上印刷报纸、期刊及一般书籍。新闻纸的定量为51 g/m^2，卷筒新闻纸的宽度有1 572 mm、1 562 mm、787 mm、781 mm4种；平板新闻纸的幅面尺寸为787 mm × 1 092 mm。新闻纸适合印刷，不透明，但白度较低，表面平滑度不同，印刷图片时应使用较粗网目。其在日光照射后容易变黄、发脆，不宜长期保存（图4–1）。

2）箱纸板

箱纸板又名麻纸板，是比较坚固的制作纸箱的纸板，广泛用于书籍、百货用品、收音机、电视机、机器零件及食品等物品的装运。其定量为200 g/m^2、310 g/m^2、420 g/m^{2}和530 g/m^{2}4种。箱纸板表面平整，机械强度好。

3）铜版纸

铜版纸又名涂料纸，是在原纸上涂布一层由碳酸钙或白陶土等与黏合剂配成的白色涂料，烘干后压光制成的高级印刷用纸。由于其细腻洁白，平滑度和光泽度高，又具有适度的吸油性，适合用于铜板印刷或胶印，可印制彩色或单色的画报、图片、挂历、地图和书刊，也是包装印刷用纸。它分单面涂布和双面涂布两种，两种中又分特号、1号、2号、3号4种，定量为80 ~ 250 g/m^2。铜版纸要求有较高的涂层强度，不掉粉，能适合60线/cm以上细网目印刷（图4–2）。

图4–1

图4– 2

我们常称为哑粉纸的正式名称为无光铜版纸，在日光下观察，与铜版纸相比，不太反光（图4–3）。

4）胶版纸

胶版纸旧称“道林纸”，是供胶印机使用的书刊用纸，适合用于印制单色或多色的书刊封面、正文、插页、画报、地图、宣传画、彩色商标和各种包装品。胶版印刷纸分为特号、1号和2号3种，定量为70 ~ 150 g/m^2。其纸浆具有较高的强度，适合印刷。近年来，又成功试制了低定量的胶印新闻纸和胶印书刊纸，供胶印纸和书刊使用（图4–4）。

图4-3

图4-4

5）凸版纸

这是一种适用于凸版印刷机，印刷各种书籍、文体用品和杂志正文的纸张。定量为52 g/m^{2}和60 g/m^2，有卷筒纸和平板纸两种，不透明度不小于88%。凸版印刷纸是广泛使用的书刊纸，比新闻纸平滑度稍高，保存期较长。但是，它容易掉毛掉粉，不适于用胶版印刷方法印刷书刊。这种纸写字也容易洇。

6）草纸板

草纸板又名黄纸板或马粪纸，是包装用纸板。它主要用于商品的包装，制作纸盒和书箱账册的封面衬里。定量为200 ~ 860 g/m^2。常用的是8号420 g/m^2、10号530 g/m^2、12号640 g/m^2。草纸板要求质量紧密结实、纸面平整，有一定的机械强度和韧性。

7）白纸板

白纸板又名马尼拉纸，是白色的比较高级的包装纸板。它用于印刷童书卡片和文具用品、化妆品、药品的商标。它的定量为200 ~ 400 g/m^2。其特点是薄厚一致，不起毛、不掉粉、有韧性，折叠时不易断裂。

8）装订纸板

这是书籍装帧的重要材料，主要用于制作精装书壳和封套。以此种纸板为骨架制作的精装书壳，具有坚固、美观、利于长期保存的优点。

9）钙朔纸

钙朔纸在外观上与纸张很接近，能耐水浸、不吸湿、不易燃烧，具有较高的耐破度和抗撕裂度，生产成本低。它的厚度与卡版纸相近，也可以制成较厚的纸板，对油墨有一定的渗透吸收能力，能印出清晰的图画和文字。它可用于印刷书卡、证券、标签和彩色印刷品，也可用于制作瓦楞纸板箱，装运需防潮、耐油的食品和货物（图4–5）。

图4-5

10）牛皮纸

牛皮纸是坚韧耐水的包装用纸，呈棕黄色，用途很广，常用于制作纸袋、信封、唱片套、卷宗和砂纸等。其定量范围为40 ~ 120 g/m^2，有卷筒纸和平板纸两种，又有单面光、双面光和带条纹的区别。对其主要的质量要求是柔韧结实、耐破度高，能承受较大拉力和压力而不破裂。

11）玻璃纸

玻璃纸又名透明纸，是像玻璃一样透明的高级包装和装饰用纸。它用于包裹粮果、食品、衬衫、卷烟、化妆品及其他商品。其定量为30 g/㎡。除透明无色外，玻璃纸还有金黄、桃红、翠绿等多种颜色。玻璃纸具有不透气、油和水，柔软、强韧，无色透明并有光泽，密封后可以防潮、防锈，但稍有裂口就裂的特点。由于它纵向强度较大，可以做成纸绳。废玻璃纸不能回收利用。

12）邮封纸

邮封纸是一种极薄的单面光书写类纸张，定量仅为20g/㎡。原来主要用于邮票衬纸和保价信件的封口用纸，现在则多用于化妆品、水果和食品的包装和卷烟衬里。印刷并上蜡后可做糖果包装纸，也可以代替打字纸和拷贝纸印刷单据、传票或多页复写纸。质量要求薄而强韧，透明度好，抗张力大，透气度小。

13）有光纸

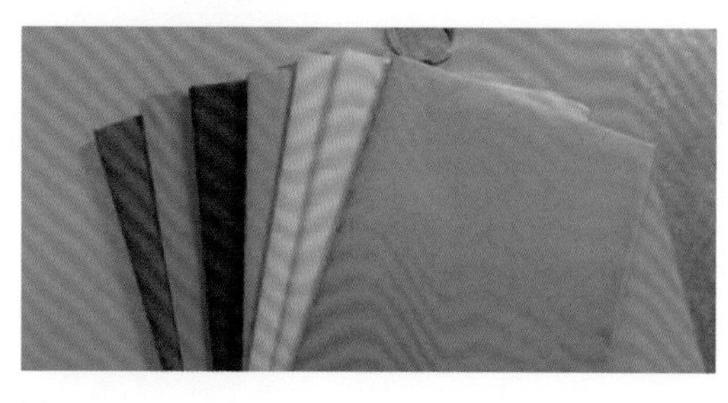

图4-6

有光纸是供书写、办公和宣传标语用的单面光纸张，也可以用于裱糊纸盒，包装商品，印刷日历、信笺和F/P等，用途广泛，是一种常用的薄纸。过去曾称为办公纸或雪莲纸。分特号、1号和2号3个等级，定量为18 ~ 40 g/㎡。质量要求厚薄均匀，纸面平整，轻度施胶便于书写，有一定抗水性。有色有光纸又称标语纸，主要用于书写标语（图4–6）。

14）打字纸

这是供打字和复写用的薄型纸张，目前也用来印刷单据、票证或信笺。分特号、1号和2号3个等级，定量为24 ~ 30 g/㎡，常用的是28 g/㎡。它要求纸张厚度不超过0.05 mm，厚薄一致，能一次打字、复写多页，纸质强韧平整，书写时不洇水。有色打字纸是供印刷多联传票或票证使用的。

15）书写纸

这是一种消费量很大的文化用纸，适用于表格、练习簿、账簿、记录本等，供书写用。分特号、1号、2号、3号和4号5个等级，定量为45 ~ 80 g/㎡。质量要求为色泽洁白，两面平滑，质地紧密，书写时不洇水。

16）凹版纸

这是一种用于印刷各种彩色印刷品、期刊、连环画、画册、邮票和有价证券的纸张。其规格和尺寸基本上与新闻纸、凸版纸和胶版纸相同，也分卷筒纸与平板纸两种。凹版纸用于印刷时要求有较高的平滑度和伸缩性，纸张白度应较高，还要有较好的平滑度和柔软性。

17）铸涂纸

铸涂纸又名玻璃粉纸，是一种表面特别光滑的高级涂布印刷纸。它是在原纸上经过二次或一次厚涂布量(单面20 ~ 39 g)的涂布，在涂料处于潮湿状态时，将涂布面紧贴在高度抛光的镀铬烘缸上加热烘干，光泽度为85左右，无须进行压光而成。将涂布纸用花纹辊进行压花处理，可以制成布纸或鸡皮纸。铸涂纸主要用于印刷封面、插页和高级纸盒，布纹纸和鸡皮纸则多用于印刷挂历和名片等（图4–7）。

图4-7

在书籍封面的设计中，很大一部分选择使用特种纸制作。特种纸也是纸张的一种，是具有特殊用途的、产量比较小的纸张，因有特殊的纹理与表面处理，使之与普通的常用纸有很大的区别，也导致了其价格高和尺寸的特殊性，所以我们称之为特种纸。一般认为，书刊印刷离不开胶版纸、胶印书刊纸、铜版纸之类。但是，由于印刷技术的突飞猛进和多元媒体的互相竞争，许多高级印刷花纸（名称五花八门，如蒙肯纸、压纹纸等）已经成为图书出版业的新选择。这些适合特殊印刷/包装的特种纸品，名目繁多，快步挤进书刊出版业，打破了原来"印刷用纸"的一统天下和标准开本的老一套形式。特种纸异军突起，使书刊面貌焕然一新，吸引了更多的读者和收藏家。

特种纸带来的视觉效果是难以想象的，设计者的灵光一闪可以被特种纸表现得淋漓尽致。在书籍的封面设计上运用特种纸有利有弊，设计者要谨慎选择。由于大部分特种纸本身带有色彩，所以设计者在设计封面的时候要充分地考虑到这些因素。只有对设计后期非常熟悉的人，才能把特种纸表现得完美无瑕。

4.2 综合材料

4.2.1 皮革

皮革作为封面设计的材料之一，相对来说价格昂贵且加工困难。通常是数量很少且需要珍藏的精美版本，才使用这种昂贵的材料。各种皮革都有其技术加工和艺术上的特点，在使用时要注意各种皮革的不同特性。例如，猪皮的皮纹比较粗糙，以体现粗犷有力的文学语言见长；羊皮较为柔软细腻，但易磨损，可以表现细腻的诗意语言，用于诗集较好；牛皮质地坚硬，韧性好，但加工较为困难，适用于大开本的设计。优质的皮革，由于其美观的皮纹、色泽以及烫印后明显的凹凸对比效果，使其在各种封面材质中显得出类拔萃（图4-8）。

图4-8

4.2.2 布料

布料包括质地细密的棉、麻、人造纤维等材料，也包括光润平滑的柞绸、天鹅绒、涤纶、贝纶等材料。设计者可以根据书籍内容和功能的不同，选择合适的织物。例如，经常翻阅的书，可考虑用结实的织物装裱；而要表达细腻的风格，则可选用光滑的丝织品等。目前，也有许多直接采用纺织物作为书籍封面包装的作品，如牛仔布的斜纹和线头都会给设计师以灵感（图4–9）。

4.2.3 金属

金属作为贵重材料，应用在贵重的书籍封面上。金属的厚重感，能够给人带来稳重感，且便于书籍的长久保存。

4.2.4 木料

在近年来的书籍封面制作上，经常使用木质材料。木质材料相对价格高，加工复杂困难，让设计者为之发愁。不过，木质材料在书籍封面设计的效果上有不可估计的影响力。中国有五千年的文化，在早期进行文字的记载时，大部分采用了木质、竹质载体。所以，在书籍的文化底蕴和整体的档次上，木质材料有着超强的表现力（图4–10）。

4.2.5 人造革、聚氯乙烯

人造革和聚氯乙烯涂层都可以用来擦洗、烫印，其加工方便、价格便宜，因而是精装书封面经常采用的材料。尤其是用量较大的系列丛书封面，多采用此种材料，当然，也常用于制作平装书的封面。

图4-9

图4-10

5 工艺之实

5.1 印刷工艺

5.1.1 印刷的种类

1）平版印刷

平版印刷是根据早期石版印刷工艺命名的，早期石版印刷的版材是使用磨平后的石块，之后改良为金属锌版或铝版，但其原理是不变的。版材上面的印刷部分与非印刷部分均没有高低差别，都是平面的，利用水油不相混合原理使印纹部分保持一层富有油脂的油膜，而非印纹部分上的版面则可以吸收适当的水分。在版面上油墨之后，印纹部分便排斥水分而吸收了油墨，而非印纹部分则吸收水分而形成抗墨作用。利用此方法进行的印刷，就称为“平版印刷”。如前所述，平版印刷是基于油水相斥原理，故其印刷工艺过程如下：首先，在平版上形成着墨的图像部分。图像能够直接用油性铅笔在平版上画出，也可用照相方法形成。其次，给印版供水。因为油水相斥，水被图像所排斥，所以水覆盖了印版的非图文部分。再次，给整个版面覆盖一层油墨，因为油水相斥，油墨被着水部分所排斥，黏附到油性图像上。最后，纸张被压印在平版表面，着墨的图像也就转移到了纸上。

平版印刷的优点是制版工作简便、成本低廉，套色装版准确，容易复制印刷版，印刷物柔和软调，可以承载大数量印刷。缺点是因印刷时受水的影响，色调再现力减低，缺乏鲜艳度，版面油墨稀薄（只能表现70%的效果，所以柯式印的灯箱海报必须经过双面印刷才可以加强其色泽），特殊印刷应用有限。

2）凸版印刷

凸版印刷的原理比较简单。在凸版印刷中，印刷机的给墨装置先使油墨分配均匀，然后通过墨辊将油墨转移到印版上。由于凸版上的图文部分远高于印版上的非图文部分，因此，墨辊上的油墨只能转移到印版的图文部分，而非图文部分则没有油墨。印刷机的给纸装置将纸输送到印刷机的印刷部件，在印版装置和压印装置的共同作用下，印版图文部分的油墨则转移到承印物上，从而完成一件印刷品的印刷。凡是印刷品的纸背有轻微印痕凸起，线条或网点边缘部分整齐，并且印墨在中心部分显得浅淡的，就是凸版印刷品。这是由于凸起的印纹边缘受压较重，因而有轻微的印痕凸起。

凸版印刷的优点是油墨表现力约为90%，色调丰富，颜色再现力强，版面耐度强，印刷数量大；应用纸张范围广泛，纸张以外的材料也可印刷。缺点是制版费昂贵，印刷费也贵，制版工作较为复杂，少量印刷时成本较高，不宜采用。

3）凹版印刷

凹版印刷简称凹印，是四大印刷方式中的一种。凹版印刷是一种直接的印刷方法，它将凹版凹坑中所含的油墨直接压印到承印物上，所印画面的浓淡层次是由凹坑的大小及深浅所决定的。如果凹坑较深，则含的油墨较多，压印后承印物上留下的墨层就较厚；相反，如果凹坑较浅，则含的油墨量就较少，压印后承印物上留下的墨层就较薄。凹版印刷的印版是由一个个与原稿图文相对应的凹坑与印版的表面所组成的。印刷时，油墨被充填到凹坑内，印版表面的油墨用刮墨刀刮掉，印版与承印物之间有一定的压力接触，将凹坑内的油墨转移到承印物上，完成印刷。凹版印刷以其印制品墨层厚实、颜色鲜艳、饱和度高、印版耐印率高、印品质量稳定、印刷速度快等优点，在印刷包装及图书出版领域内有着极其重要的地位。

4）孔版印刷

孔版印刷是在印版上制作出图文和版膜两部分，版膜的作用是阻止油墨的通过，而图文部分则是通过外力的刮压将油墨漏印到承印物上，从而形成印刷图形。其原理为：在平面的板材上挖割孔穴，然后施墨，使墨料透过孔隙漏印到承印物上。孔版印刷的范围广泛，可以用此种方法制作版画作品，也可用于生活用品和工业用品的包装印刷。例如，常见的汽车上的字体印刷、外包装盒上的图文印刷等，大多是采用孔漏版的印刷方式。孔版在中文中也称透版、模版，日文中则称型版、合羽版。

孔版印刷分型版、誊写孔版、打字孔版和丝网印刷4种类型，又各有几种不同的制版方法。它们都具有设备轻便、工艺简单、易于操作的特点，故应用广泛。

（1）型版

在木片、纸板、金属或塑料片材上刻出文字或图形，制成镂空印刷版，用刷涂或喷涂的办法使色料透过印版印到承印物上，就是型版。这是最古老的印刷技法之一。从出土的古代印花织物判断，中国在春秋时已经采用型版。因其方法简便，20世纪80年代民间仍有应用。

（2）誊写孔版

这是用手写的方法制版，最早是用毛笔蘸稀酸（如硫酸）在涂敷明胶的多孔性纸上描绘图形，稀酸将明胶膜溶解，露出多孔纤维，形成孔版，称为毛笔誊写版。由于图形的边缘易被酸腐蚀，印刷精度较差，铁笔誊写版出现后，此法已罕用。铁笔誊写版是用铁笔在有网纹的钢板上刻写蜡纸制成的印版，蜡纸被刻划的部分可以透过油墨。此法传为T.A.爱迪生于1886年所发明。由于誊写的字迹因人而异，远不如后来发明的打字孔版字形清晰，应用已日渐减少。水洗誊写版是用笔蘸取水溶性胶液在多孔性纸上书写，然后在纸上涂一层不溶于水的胶膜，干后水洗，溶出书写部分，形成孔版。

（3）打字孔版

这是利用打字机将活字打印到蜡纸上，活字的冲击使蜡纸形成能透墨的文字孔版。19世纪80年代在美国首先制出实用的英文打字机机型，汉字打字机首创于日本大正年间（1912—1926），第二次世界大战后迅速普及。随着计算机文字处理技术和办公室自动化系统的发展，打字孔版印刷已被逐渐取代。

（4）丝网印刷

丝网印刷是采用丝网做版材的一种印刷方法。自20世纪50年代以来，丝网印刷成为孔版印刷的主流。

孔版印刷的优点：油墨浓厚，色调鲜丽，可应用任何材料印刷，使曲面印刷成为可能。

孔版印刷的缺点：印刷速度慢，生产量低，彩色印刷表现困难，不适合大量印刷。

5）数字印刷

数字印刷是利用印前系统，将图文信息直接通过网络传输到数字印刷机上进行印刷的一种新型印刷技术。数字印刷系统主要由印前系统和数字印刷机组成，有些系统还配上装订和裁切设备。工作原理：操作者将原稿（图文数字信息）或数字媒体的数字信息或从网络系统上接收到的网络数字文件输出到计算机，在计算机上进行创意加工，修改、编排成为客户满意的数字化信息，经RIP处理，成为相应的单色像素数字信号传至激光控制器，发射出相应的激光束，对印刷滚筒进行扫描。由感光材料制成的印刷滚筒（无印版）经感光后，形成可以吸附油墨或墨粉的图文，然后再转印到纸张等承印物上。数字化印刷就是将数字化的图文信息直接记录到承印材料上进行印刷。也就是说，输入的是图文信息数字流，而输出的也是图文信息数字流，要强调的是，它是按需印刷、无版印刷，是与传统印刷并行的一种印刷方式。

数字化模式的印刷过程也需要经过原稿的分析与设计、图文信息的处理、印刷、印后加工等过程，只是减少了制版过程。因为在数字化印刷模式中，输入的是图文信息数字流，而输出的也是图文信息数字流。相对于传统印刷模式的DTP系统来说，只是输出的方式不一样。传统的印刷是将图文信息输出记录到软片上，而在数字化印刷模式中，则将数字化的图文信息直接记录到承印材料上。

5.1.2 印刷色彩基础

1）色彩模式

RGB色彩模式是最基础的色彩模式，所以RGB色彩模式是一个重要的模式。只要在电脑屏幕上显示的图像，就一定是RGB模式，因为显示器的物理结构就是遵循RGB的原理而设计的。

在Photoshop中，了解色彩模式的概念是很重要的，因为色彩模式决定显示和打印电子图像的色彩模型（简单说色彩模型是用于表现颜色的一种数学算法），即一幅电子图像用什么样的方式在计算机中显示或打印输出。常见的色彩模式包括位图模式、灰度模式、双色调模式、HSB（表示色相、饱和度、亮度）模式、RGB（表示红、绿、蓝）模式、CMYK（表示青、洋红、黄、黑）模式、Lab模式、索引色模式、多通道模式以及8位/16位模式，每种模式的图像描述、重现色彩的原理及所能显示的颜色数量是不同的。色彩模式除确定图像中能显示的颜色数之外，还影响图像的通道数和文件大小。这里提到的通道也是Photoshop中的一个重要概念，每个Photoshop图像具有一个或多个通道，每个通道都存放着图像中颜色元素的信息。图像中默认的颜色通道数取决于其色彩模式。例如，CMYK图像至少有4个通道，分别代表青、洋红、黄和黑色信息。除了这些默认颜色通道，也可以将称为Alpha通道的额外通道添加到图像中，以便将选区作为蒙版存放和编辑，并且可添加专色通道。一个图像有时多达24个通道，在默认情况下，位图模式、灰度模式、双色调模式和索引色模式图像中仍为一个通道；RGB和Lab图像有3个通道；CMYK图像有4个通道。

（1）HSB模式

HSB模式是基于人眼对色彩的观察来定义的，在此模式中，所有的颜色都用色相或色调、饱和度、亮度3个特性来描述。

①色相（H）：色相是与颜色主波长有关的颜色物理和心理特性，从实验中知道，不同波长的可见光具有不同的颜色。众多波长的光以不同比例混合，可以形成各种各样的颜色，但只要波长组成情况一定，那么颜色就确定了。非彩色（黑、白、灰色）不存在色相属性，所有色彩（红、橙、黄、绿、青、蓝、紫等）都是表示颜色外貌的属性。它们就是所有的色相，有时色相也称为色调。

②饱和度（S）：饱和度指颜色的强度或纯度，表示色相中灰色成分所占的比例，用0%～100%（纯色）来表示。

③亮度（B）：亮度是颜色的相对明暗程度，通常用0%（黑）～100%（白）来度量。

（2）RGB模式

RGB模式是基于自然界中3种基色光的混合原理，将红（Red）、绿（Green）和蓝（Blue）3种基色按照从0（黑）到255（白色）的亮度值在每个色阶中分配，从而指定其色彩。当不同亮度的基色混合后，便会产生出256×256×256种颜色，约为1 670万种。例如，一种明亮的红色可能R值为246，G值为20，B值为50。当3种基色的亮度值相等时，产生灰色；当3种亮度值都是255时，产生纯白色；当所有亮度值都是0时，产生纯黑色。因为3种色光混合生成的颜色一般比原来的颜色亮度值高，所以RGB模式产生颜色的方法又被称为色光加色法。产生出的色光混合生成颜色，而在CMYK模式中，光线照到有不同比例C、M、Y、K油墨的纸上，部分光谱被吸收后，由反射到人眼中的光产生颜色。由于C、M、Y、K在混合成色时，随着C、M、Y、K4种成分的增多，反射到人眼的光会越来越少，光线的亮度会越来越低，所以，CMYK模式产生颜色的方法又被称为色光减色法。

（3）CMYK模式

CMYK也称作印刷色彩模式，顾名思义就是用来印刷的。它和RGB相比有一个很大的不同之处，RGB模式是一种发光的色彩模式，人在一间黑暗的房间内仍然可以看见屏幕上的内容；而CMYK是一种依靠反光的色彩模式。试想一下，我们是怎样阅读报纸的内容呢？是由阳光或灯光照射到报纸上，再将光反射到我们的眼中，才看到内容。它需要外界光源，如果人在黑暗的房间内，是无法阅读报纸的。因此，只要在屏幕上显示的图像，就是用RGB模式表现的；只要是在印刷品上看到的图像，就是用CMYK模式表现的。例如，期刊、报纸、宣传画等都是印刷出来的，就是CMYK模式。和RGB类似，“CMY”是3种印刷油墨名称的首字母：青色（Cyan）、洋红色（Magenta）、黄色（Yellow）；而“K”取的是black最后一个字母，之所以不取首字母，是为了避免与蓝色(Blue)混淆。从理论上来说，只需要CMY3种油墨就足够了，它们3个加在一起就应该得到黑色。但是，由于目前制造工艺还不能造出高纯度的油墨，CMY相加的结果实际上是一种暗红色，因此还需要加入一种专门的黑墨来中和。

（4）Lab模式

Lab模式的原型是由CIE协会在1931年制订的一个衡量颜色的标准，在1976年被重新定义并命名为CIELab。此模式解决了由于不同的显示器和打印设备所造成的颜色复制的差异，也就是说它不依赖于设备。Lab颜色是以一个亮度分量L及两个颜色分量a和b来表示颜色的。其中L的取值范围是0～100；a分量代表由绿色到红色的光谱变化，而b分量代表由蓝色到黄色的光谱变化，a和b的取值范围均为-120～120。Lab模式所包含的颜色范围最广，能够包含所有的RGB和CMYK模式中的颜色。CMYK模式所包含的颜色最少，因此有些在屏幕上能看到的颜色在印刷品上却无法实现。

（5）其他颜色模式

除基本的RGB模式、CMYK模式和Lab模式之外，Photoshop支持（或处理）其他的颜色模式，这些模式包括位图模式、灰度模式、双色调模式、索引色模式和多通道模式，并且这些颜色模式有其特殊的用途。例如，灰度模式的图像只有灰度值而没有颜色信息；索引颜色模式尽管可以使用颜色，但相对于RGB模式和CMYK模式来说，可以使用的颜色真是少之又少。

2）印刷油墨

传统油墨是由有色体（如颜料、染料等）、连接料、填（充）料、附加料等物质组成的均匀混合物，它能用于印刷，并在被印刷体上附着，是有颜色、具有一定流动度的浆状胶黏体。因此，颜色（色相）、身骨（稀稠、流动度等流变性能）和干燥性能是油墨3个最重要的性能。油墨的种类很多，物理性质也不一样，有的很稠、很黏，而有的却相当稀；有的以植物油作为连接料，有的用树脂和溶剂或水等作为连接料。这些都是根据印刷的对象即承印物、印刷方法、印刷版材的类型和干燥方法等来决定的。

印刷原色是指C、M、Y、K这几种颜色，在印刷原色时这4种颜色都有自己的色版，在印刷时，纸张上面的这4种印刷颜色是分开的。但由于距离超出了人眼的辨认能力，所以我们看到的就是由原色叠加后产生的色彩，由于视觉上的混合效果，故其产生了丰富多彩的颜色。

专色油墨是由印刷厂预先混合好的特殊的颜色油墨，如荧光黄等。专色不是由CMYK叠加而成的色彩，它的特点是饱和度高，能够满足一些特殊的色彩需求。在书籍设计时，书籍上每一个专色都会有相应的色版对应，以便于印刷。故一本书籍专色用得越多，书籍的成本就越高。在对书籍进行成本控制的要求下，书籍设计师应尽量使用原色，避免使用专色。

数字印刷油墨的种类主要有4种。

（1）干粉数字印刷油墨

干粉数字印刷油墨主要是由颜料粒子、有助于荷电形成的颗粒荷电剂与可熔性树脂混合而形成的干粉状油墨。带有负电荷的墨粉被曝光部分吸附，形成图像，转印到纸张上。最后，对纸张上的墨粉加热、定影，使墨粉中的树脂熔化，从而在承印物上形成图像。

（2）液态数字印刷油墨

液态数字印刷油墨常用于喷墨印刷，其油墨的种类是与喷墨机的墨头结构相关的。现在的墨头可以分为热压式及压电式两大类，而压电式又分为高精度和低精度两种，如EPSON的喷头属于高精度，而Xaar及Spectra的喷头属于低精度，前者大多使用水性染料及颜料油墨，后者以使用溶剂性的颜料油墨居多。

（3）固态数字印刷油墨

固态数字印刷油墨主要应用于喷墨印刷，其在常态下为固态，使用时油墨被加热，在黏度减小后喷射到承印物表面上。

（4）电子油墨

电子油墨是经印刷涂布在经处理的片基材料上的一种特殊油墨，其直径只有头发丝粗细，由微胶囊包裹而成。在一个微胶囊内有许多带正电的白色粒子和带负电的黑色粒子，正、负电微粒子都分布在微胶囊内透明的液体当中。当微胶囊充正电时，带正电的微粒子聚集在观察者能看见的一面，这一点显示为白色；当充负电时，带负电的黑色粒子聚集在观察者能看见的一面，这一点看起来就是黑色的。这些粒子由电场定位控制，即该在什么位置显示什么颜色是由一个电场控制的，控制电场由带有高分辨率显示阵列的底板产生。

5.1.3 印前制作

1）印刷文件格式

书籍印刷中，图像存储的常用格式有JPEG、EPS、TIFF 3种类型。下面，分别介绍这3种格式，以了解它们之间的区别。

（1）JPEG格式

JPEG格式是印刷中压缩文件的主要格式，它使用的是有损压缩格式，所以对文件来说会带来一些数据的损失。因此，在书籍设计的最后阶段进行保存时，我们会采用到这种格式，但只需要保存一次图形即可。

（2）TIFF格式

TIFF格式是文件存储的主要格式，主要是为扫描仪和计算机出版软件开发的，用来存储黑白、灰度和彩色图像。这种格式没有任何有损压缩，并且通用性很强，能够与大多数位图应用软件通用。如果需要印刷质量高的图像，这种格式是较为适合的选择。

（3）EPS格式

EPS格式是一种混合图像格式，是目前桌面印刷系统普遍使用的通用交换格式当中的一种综合格式。EPS文件格式又称为带有预视图像的PS格式。这种格式主要用于印刷和打印，可以保存Alpha通道，尤其可以存储路径和加网信息。

2）印刷分辨率

印刷分辨率是指在设计好图像后，设置其作为印刷品的输出分辨率。分辨率决定了位图图像细节的精细程度。通常情况下，图像的分辨率越高，所包含的像素就越多，图像就越清晰，印刷的质量也就越好。在设计一个印刷品的时候，要明确该印刷品所需的分辨率是多少，在设计软件中就设定好正确的分辨率，避免之后反复修改。若出现新建文档时分辨率就建错的情况，那么只能将分辨率由大改小，而不可以将分辨率由小改大。例如，设计一个标准尺寸为90 mm × 54 mm的名片，正确的分辨率应设置为300 PPI。在新建文件时如果将分辨率设置为600 PPI了，那么可以将600 PPI改为300 PPI，这没有问题，不会影响印刷质量。但假若在新建文件的时候将分辨率设置为100 PPI了，那么，不可以将100 PPI直接改成300 PPI，这样会有损文件，影响到最终的印刷质量。遇到这种情况，只能重新设计，新建正确的分辨率大小。

图像分辨率和图像的尺寸（像素）一起决定着文件的大小和输出质量，文件大小与其图像分辨率的平方成正比。如果保持图像尺寸不变，将图像分辨率提高一倍，其文件大小则增大为原来文件的4倍。也就是说，分辨率的大小与图像的尺寸和文件的大小是分不开的，这3个参数相互关联。

5.1.4 印后加工

1）电化铝烫印

电化铝烫印俗称烫金，是一道非常重要的印后加工工艺，主要用于烫印图案、文字、线条，以突出产品的名称、商标等。

（1）设计应考虑的事项

①应充分考虑烫印部位，即烫印的文字或图案的色彩与印刷色彩的匹配性，烫印后加工对烫印部位的影响。

②考虑烫印的整体效果与烫印成本。如某些产品往往只烫印图案的轮廓和文字，不直接烫印图案，以达到以点衬面的效果；对某些镀铝纸烟包装的印刷设计，可通过先印透明黄再压凹凸来替代烫印，从而降低成本。

③大面积烫印还应考虑烫印部位和印刷图案的接纸，这需根据产品套印精度而定，一般设为0.2 ~ 0.5 mm。当然，还要考虑到电化铝本身的烫印适性。

烫印材料和烫印设备是影响烫印效果最关键的两个因素。

（2）烫印材料

烫印材料即电化铝。现在市场上电化铝种类繁多，有陶瓷电化铝、纸张电化铝、玻璃电化铝等；档次复杂，既有上海、浙江、福建等地产的国产电化铝，又有美国、日本、德国产的进口电化铝，且质量各有优劣。这里主要讨论纸张电化铝。电化铝的烫印适性包括纸张表面的光洁度、亮度、清晰度，对图文和小文字的烫印适性、表面飞金和毛边问题等，要根据不同的承印材料、包装产品的级别、电化铝价格和烫印适性进行权衡与选择。

（3）烫印设备

烫印设备在国内用得较广泛的是手摆式烫金机，主要烫印要求不是很高的包装产品。它具有成本低、占地面积小、操作简便、烫印适性强的优点，但烫印精度要求较高的产品，则误差较大、废品率较高。如果承烫精品包装盒，国内大部分印刷厂选择进口烫金机，其烫印精度非常高，而且对烫印温度、压力、速度的控制也优于其他国产烫金机。但目前，有些国产烫金机精度也很高，且价格较进口高档烫金机要便宜得多。

2）凹凸压印

凹凸压印又称压凸纹印刷，是印刷品表面装饰加工中一种特殊的加工技术。它使用凹凸模具，在一定的压力作用下，使印刷品基材发生塑性变形，从而对印刷品表面进行艺术加工。压印的各种凸状图文和花纹显示出深浅不同的纹样，具有明显的浮雕感，增强了印刷品的立体感和艺术感染力。它要求在印刷时，不使用油墨而是直接利用印刷机的压力进行压印，操作方法与一般凸版印刷相同，但压力要大一些。如果质量要求高，或纸张比较厚、硬度比较大，也可以采用热压，即在印刷机的金属底版上接通电流进行压印。

凹凸压印工艺在我国的应用和发展历史悠久，早在20世纪初便产生了手工雕刻印版、手工压凹凸工艺；20世纪40年代，已发展为手工雕刻印版、机械压凹凸工艺；20世纪五六十年代，基本上形成了一个独立的体系。

3）UV印刷

UV印刷是一种通过紫外光干燥、固化油墨的印刷工艺，需要含有光敏剂的油墨与UV固化灯相配合。UV印刷的应用是印刷行业最重要的内容之一，UV油墨已经涵盖胶印、丝网、喷墨、移印等领域。传统印刷界泛指的UV印刷是印品效果工艺，就是在一幅已印上想要的图案的纸上裹上一层光油（有亮光、哑光、镶嵌晶体、金葱粉等品种），主要是增加产品亮度与艺术效果，保护产品表面，具有硬度高、耐腐蚀摩擦、不易出现划痕等优点。有些覆膜产品现改为上UV，能达到环保要求。但UV印刷产品不易黏结，有些只能通过局部UV印刷或打磨来解决。

UV印刷与传统胶印相比，有着色彩艳丽、承印材料特殊、产品新颖、市场前景广阔等特点，适用于高档名片、精品包装、高端商业画册、特殊台历、特殊标签印刷等领域。

UV印刷工艺中关键性的优点是应用的灵活性，可以得到多种产品功能，在各种承印材料和表面整饰上得到特殊的应用效果。这为印刷买家突出他们产品的差异化提供了创意性机遇，并给产品增加了功能性的特点。UV印刷可以为现有的客户提供增值服务，并吸引新的业务。一方面，在某些情况下，UV印刷和上光与其他工艺相比，减少了总体的生产成本；另一方面，即使是在UV印刷生产成本提高的情况下，UV印刷产品较高的销售价格也提高了投资回报率。

UV印刷是一项可靠性高的工艺。UV油墨可认为是符合环保的，因为它们并不产生挥发性有机成分（VOC）溶剂挥发的问题。例如，在美国，一些传统的单张纸油墨的馏分划归为挥发性有机成分（VOC），受到法律的控制，处在限制范围内。而在这些领域中，UV印刷通常被划分在“最佳可用工艺”之列（图5-1）。

（a）

（b）

图5-1

4）覆膜

覆膜又称“过塑”“裱胶”“贴膜”等，是指将透明塑料薄膜通过热压覆贴到印刷品表面，起保护及增加光泽的作用。覆膜已被广泛应用于书刊的封面、画册、纪念册、明信片、产品说明书、挂历和地图等处，起到表面装帧及保护作用。目前，常见的覆膜包装产品有纸箱、纸盒、手提袋、化肥袋、种子袋、不干胶标签等。

按照纸质印刷品的覆膜过程，可将覆膜工艺分为3类：干式覆膜法、湿式覆膜法和预涂覆膜法。

（1）干式覆膜法

干式覆膜法是目前国内最常用的覆膜方法，它是在塑料薄膜上涂布一层黏合剂，然后经过覆膜机的干燥烘道，蒸发、除去黏合剂中的溶剂，再在热压状态下与纸质印刷品黏合成覆膜产品。

（2）湿式覆膜法

湿式覆膜法是在塑料薄膜表面涂布一层黏合剂，在黏合剂未干的状况下，通过压辊与纸质印刷品黏合成覆膜产品。自水性覆膜机问世以来，水性覆膜工艺得到了推广应用，这与湿式覆膜工艺所具有的操作简单、黏合剂用量少、不含破坏环境的有机溶剂，覆膜印刷品具有高强度、高品位，易回收等特点密不可分。目前，该覆膜工艺越来越受到国内包装厂商的青睐，已经广泛应用于礼品盒和手提袋之类的包装印刷。

（3）预涂覆膜法

预涂覆膜法是覆膜厂家直接购买预先涂布有黏合剂的塑料薄膜，在需要覆膜时，将该薄膜与纸质印刷品一起在覆膜设备上进行热压，完成覆膜过程。预涂覆膜工艺始于20世纪90年代。通过专用设备将热熔胶或低温树脂按照设计定量均匀地涂布在薄膜基材上，得到的就是预涂膜。预涂覆膜法省去了黏合剂的调配、涂布以及烘干等工艺环节，整个覆膜过程可以在几秒钟内完成，对环境不会产生污染，没有火灾隐患，也不需要清洗涂胶设备等。目前，该工艺已用于药品、食品包装领域。

覆膜工艺好处多，用覆膜作为封面可以保护纸张。因为封面纸张经覆膜后可以延长其寿命，特别是对学生课本类书籍有一定好处，印痕不易被破坏。覆膜后，可对彩色图文印刷品的封面起到同样的保护作用，且不易被磨损。因为有这些优点，所以有利于出版社的美术编辑们在封面上作出各种美术设计。因此，出版编辑人员乐于采用，推动了用量的增加。

作为保护和装饰印刷品表面的一种工艺方式，覆膜在印后加工中占很大的份额。随便走进一家书店，你就会发现，大多数图书都采用这种方式。这是因为，经过覆膜的印刷品，表面会更加平滑、光亮、耐污、耐水、耐磨，书刊封面的色彩更加鲜艳夺目、不易被损坏，印刷品的耐磨性、耐折性、抗拉性和耐湿性都得到了很大程度的强化，保护了各类印刷品的外观效果，提高了其使用寿命。最值得一提的是，覆膜可以很大程度地弥补印刷产品的质量缺陷，许多在印刷过程中出现的表观缺陷，经过覆膜以后（尤其是覆哑光膜后），都可以被遮盖。

5.2 装订工艺

装订是指将印好的书页、书帖进行加工，使其成册，这个过程统称为装订。书籍的装订，分为两大工序，分别是订和装。订是指对书芯的加工，将书页订成本；装是书籍封面的加工，就是装帧。

如前所述，我国古代早期的书，将竹片、木片用皮带或绳子连串成册，称为“简策”。后来在丝绢上写文字，并将丝绢按照文章的长短裁开，卷成一卷，在丝绢两端配上木轴或贵重的材料做成的轴，这就是“卷轴装”。纸张发明后，把文字写在纸张上，制作成左右反复的册子，同时将前后两页糊上硬纸板作为封底、封面。这种形式最初用于佛教的经书装订，所以叫经折装。然后出现了旋风装：在经折装的基础上，将首、末两页粘连在一起。到了宋朝，开始采用浆糊粘连或用线穿订的方法来装订书籍。从明朝中期开始，有了线装书籍。现在，除了为保留我国民族传统文化，在制作少量珍贵版本书和仿古书籍时采用线装外，都改用了现代装订工艺。

5.2.1　装订类型

现代书籍的装订类型分为两大类，分别是平装与精装。

平装：分为骑马订、平订、锁线订、胶装、穿线胶装、活页装订、线圈装。

精装：分为圆背精装、方背精装、软面精装。

1）平装装订

（1）骑马订

骑马订又称骑缝铁丝订，这种平装装订形式是一种快速又便宜的装订方式，是将配好的书页，包括封面在内套成一整帖后，用铁丝订书机将铁丝从书刊的书背折缝外面穿到里面，并使铁丝两端在书籍里面折回压平的一种订合形式。它是书籍订合中最简单方便的一种形式，优点是加工速度快，订合处不占有效版面空间，且书页翻开时能摊平；缺点是书籍牢固度较低，且不能订合页数较多的书。采用骑马订的书不宜太厚，故适用于页数不多的杂志和小册子，而且多帖书籍必须套合成一整帖才能装订（图5-2）。

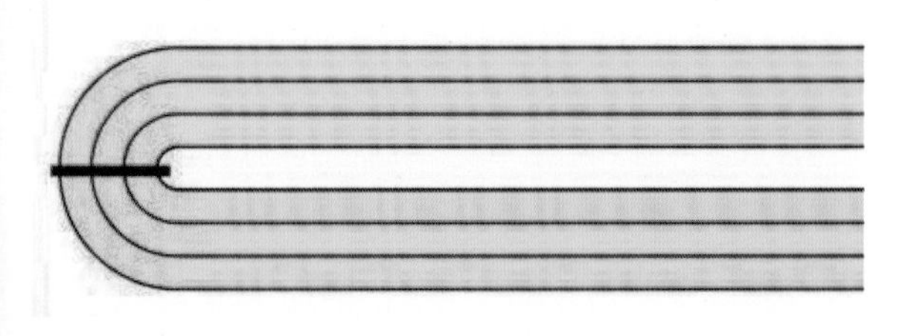

图5-2

（2）平订

平订是把有序堆叠的书帖用缝纫线或铁丝钉从面到底先订成书芯，然后包上封面，最后裁切成书的一种订合形式。其中，铁丝平订是在距离书背4～6厘米处打钉，再包上封面的装订方法。它的生产效率高，其优点是比骑马订更为经久耐用，缺点是订合要占去一定的有效版面空间。由于平订需占用一定宽度的订口，故书页只能呈“不完全打开”形态，且书页在翻开时不能摊平。平订多用于上下相叠配贴的书贴，但书册太厚则不容易翻阅，而且铁丝受潮易产生黄色锈斑，影响书刊的美观，还会造成书页的破损、脱落，一般适用于100页以下的书刊（图5-3）。

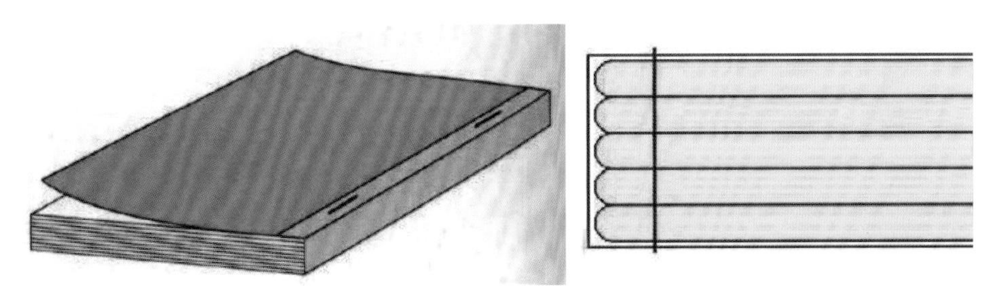

图5-3

（3）锁线订

锁线订的装订方式和骑马订相似，是从书籍的背脊折缝处利用串线连接的原理，将各帖书页相互锁连成册，再经过贴纱布、压平、捆紧、上背胶、分本、包封皮的一系列过程，最后裁切成本的一种订合形式。锁线订比骑马订坚牢耐用，且适用于页数较多的书本；与平订相比，其书的外形无订迹，且书页无论多少都能在翻开时摊平。不过锁线订的成本较高，书页也需成双数才能对折订线。它通常用于书刊内页、学生作业簿等的装订。锁线订可以订任何厚度的书，翻阅方便，牢固性更胜骑马钉，但订书的速度较慢（图5–4）。

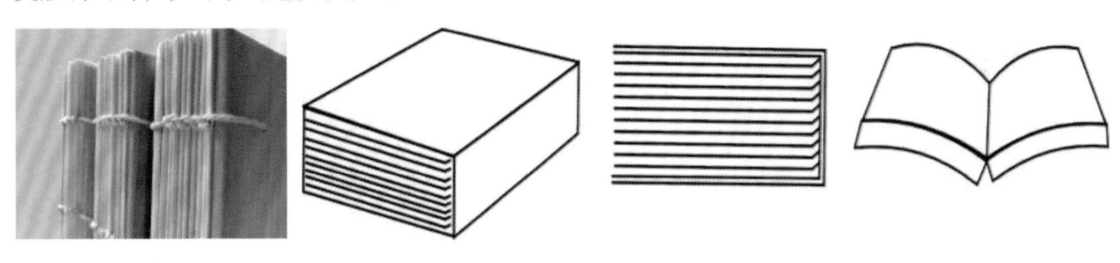

图5-4

（4）胶装

胶装又称胶粘订或无线胶装，是指不用纤维线或铁丝订合书页，而用胶水料黏合书页的订合形式。常见方法是把书帖按页码配好，再在书脊上锯成槽或铣毛打成单张，经撞齐后用胶水材料将相邻的各帖书芯粘连牢固，再包上封面。它的优点是订合后和锁线订一样不占书的有效版面空间，翻开时可摊平，成本较低，无论书页厚薄、幅面大小都可订合，可用于平装，也可以用于精装；缺点是书籍放置过久或受潮后易脱胶，致使书页脱散（图5–5）。

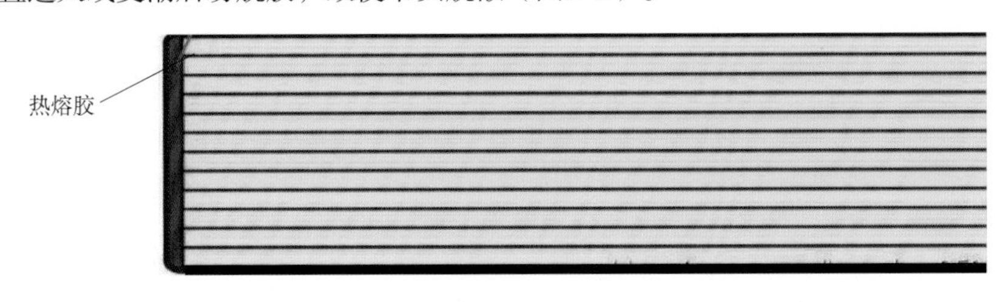

图5-5

（5）穿线胶装

穿线胶装是“锁线订”和“胶装”的结合，它是先将书刊内页配帖成册后，经锁线订的方式固定书背，再用热熔胶黏剂将书帖粘贴上封面。这是平装书中最佳的装订方式（图5–6）。

（6）活页装订

活页装是在书的订口处打孔，再用弹簧金属圈或螺纹圈等穿锁扣合的一种订合形式。这种订合形式的最大好处是可随时打开书籍锁扣调换书页，阅读内容可随时变换。活页装的夹具也可以随时开启和抽换，适合报告书、账册资料、相簿、档案等装订，使用非常方便（图5–7）。

（7）线圈装（双线圈装、胶圈装）

这是将书页裁切成单张、配帖成册，然后在靠书背处打孔，利用铁质或塑胶线圈、胶圈夹等不同夹具来固定书页的装订方式。这种方式常应用于月历、相册、笔记本等的装订（图5–8）。

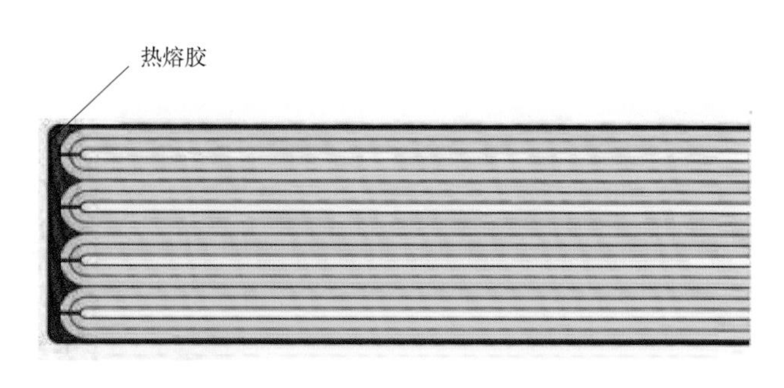

图5-6

图5-7

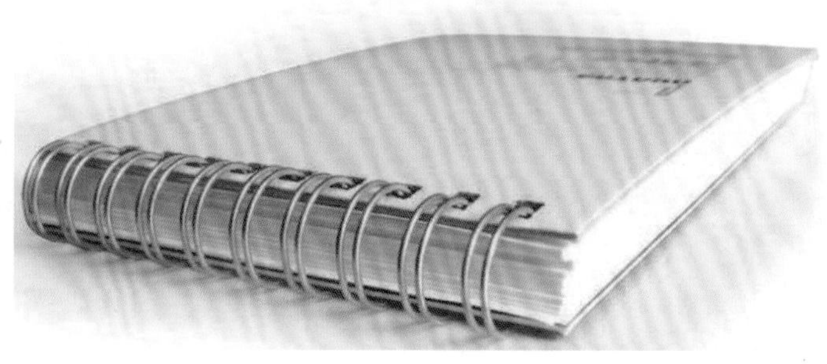

图5-8

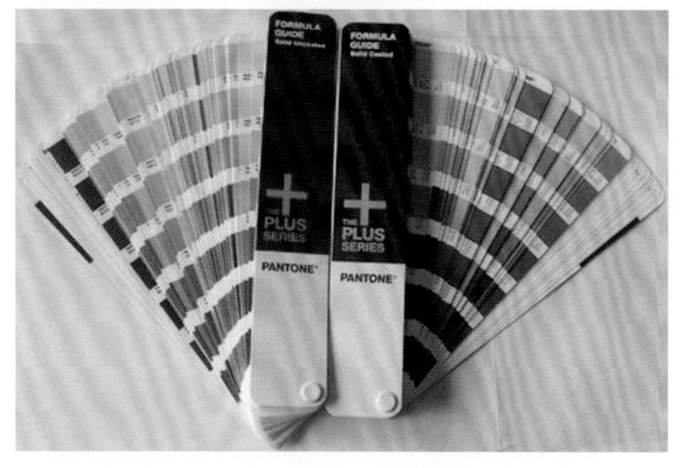

图5-9

（8）其他装订方式

糊头是一种暂时性的黏合装订方式，以方便随时撕开，如便条纸、信纸等。

螺丝装订将需要装订的书页，从装订边上先打一个或多个孔，再锁上螺丝钉以固定（图5–9）。

2）精装装订

精装装订成本较高，通常用于页数较多、经常使用、需长期保存、要求美观和比较重要的图书，其封面和封底要求用硬质或半硬质的材料。外观上，精装形式可分为圆背、方背和软面3种。

（1）圆背精装

圆背精装是将精装书封面的书背扒圆成圆弧形的装订形式。这种装订方式可使整本书的书帖相互错开，便于翻阅，提高书芯的牢固程度（图5–10）。

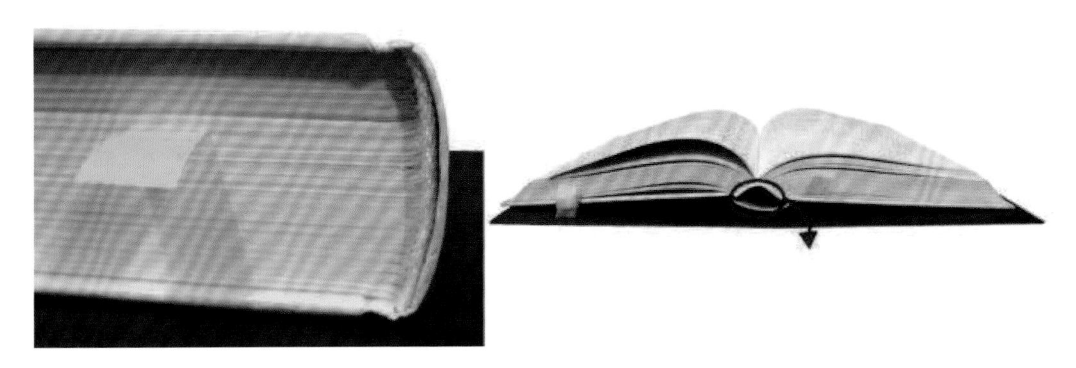

图5–10

（2）方背精装

方背精装又称平背精装，与圆背精装基本相似，区别仅在于书背没有扒圆，呈平板状。若要将平装改成精装，或平装书书页都是单页的情况时，因其无法穿线而只能做成平背精装。平装改精装多用于图书馆为保存购入的平装书，而为其加装硬封面的情况（图5–11）。

图5–11

（3）软面精装

软面精装，是为减轻书籍重量和方便翻阅，把硬面改为软面，即用较薄的纸板代替一般精装书上较厚的纸板。一般较厚和经常翻阅的书籍，如各种工具书，多用此法装订。

5.2.2 平装书的装订工艺流程

平装书的装订工艺流程如下：撞页裁切→折页→配书帖→配书芯→订书→包封面→切书。

1）撞页裁切

将印刷好的大幅面书页撞齐后，用单面切纸机裁切成符合要求的尺寸。

2）折页

将撞页裁切好的书页，按照页码顺序和开本的大小，折叠成书帖的过程，称为折页。

3）配书帖

把零页或插页按页码顺序套入或粘在某一书帖中。

4）配书芯

把整本书的书帖按顺序配集成册的过程叫配书芯，也叫排书，有套帖法和配帖法两种。

（1）套帖法（骑马订式）

这是将一个书帖按页码顺序套在另一个书帖里面或外面进行装订的方式。该法适合于帖数较少的期刊等（图5–12）。

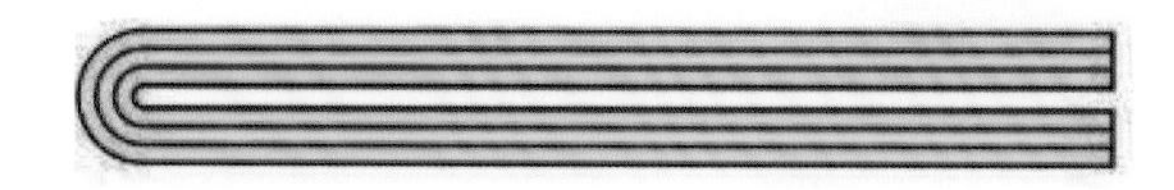

图5–12

（2）配帖法（上下相叠式）

将各个书帖按页码顺序，一帖一帖地叠摞在一起，成为一本书刊的书芯，供订本后包封面（图5–13）。

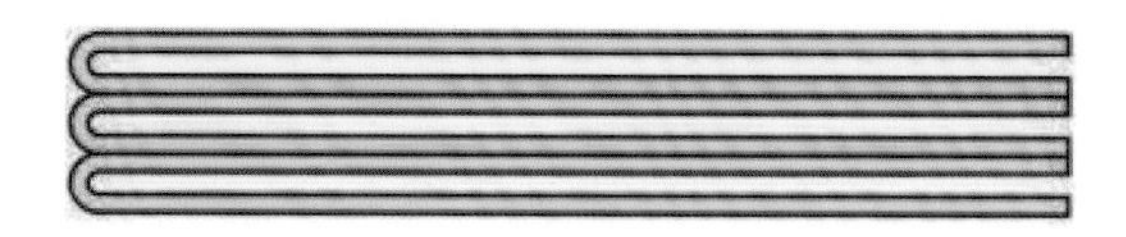

图5–13

为了防止配帖出差错，印刷时，在每一印张的帖脊处会印上一个被称为折标的小方块。配帖以后，此小方块会在书芯的书背处形成阶梯状的标记。

5）订书

订书是把书芯的各个书帖，运用各种装订工艺牢固地连接起来。

6）包封面

包封面也叫包本或裹皮。通过折页、配帖、订合等工序加工成的书芯在包上封面后，便成为平装书籍的毛本。

7）切书

这是把经过加压烘干、书背平整的毛本书，用切书机将天头、地脚、切口按照开本规格尺寸裁切整齐，使毛本变成光本，成为可阅读的书籍。

5.2.3 精装书的装订工艺流程

精装书的装订工艺流程如下：书芯的制作→书壳的制作→上书壳。

1）书芯的制作

书芯制作的前一部分和平装书装订工艺相同，包括裁切、折页、配页、锁线与切书等。完成上述工作之后，就要进行精装书芯特有的加工过程。书芯为圆背有脊形式，可在平装书芯的基础上，经过压平、刷胶、干燥、裁切、扒圆、起脊、刷胶、粘纱布、再刷胶、粘堵头布、粘书脊纸、再干燥等过程完成精装书芯的加工。书芯为方背无脊形式，就不需要扒圆；书芯为圆背无脊形式，就不需要起脊。

书脊的加工包括刷胶、粘书签带、贴纱布、贴堵头布、贴书脊纸等步骤。

2）书壳的制作

书壳是精装书的封面。书壳的材料应有一定的强度和耐磨性，并具有装饰的作用。

用一整块面料，将封面、封底和背脊连在一起制成的书壳，称为整料书壳。封面、封底用同一面料，而背脊用另一块面料制成的书壳，称为配料书壳。制作书壳时，先按规定尺寸裁切封面材料并刷胶，然后再将前封、后封的纸板压实、定位（称为摆壳），包好边缘和四角，压平，即完成书壳的制作。为了适应书背的圆弧形状，书壳整饰完以后，还需进行扒圆。

3）上书壳

把书壳和书芯连在一起的工艺过程称为上书壳，也叫套壳。

上书壳的方法：先在书芯的一面衬页上涂上胶水，按一定位置放在书壳上，使书芯与书壳一面先粘牢固；再按此方法把书芯的另一面衬页也平整地粘在书壳上，整个书芯与书壳就牢固地连接在一起了。最后，用压线起脊机在书的前后边缘各压出一道凹槽，加压、烘干，使书籍更加平整并定型。如果有护封，则包上护封即可出厂。

6　未来之想

6.1 书籍的新媒体媒介研究

6.1.1 纸材媒介的研究

纸材作为书籍媒介的主要载体，是印刷书籍的主要材料。当代书籍设计除了使用常用的纸材，如新闻纸、胶版纸、铜版纸等外，还应对书籍纸张原料在科技上进行研究。纸大多是由植物纤维构成，但现在，由石棉、玻璃丝、尼龙等其他纤维制成的合成纸张也被设计师广泛应用。特殊工艺与特殊纤维组合而成的特种纸张使得书籍能得到更佳的表现。

6.1.2 特殊媒介的材质

书籍的材料除了纸材以外，还有绢布、皮革、塑料等特殊材质。这些材质用于书籍封面与局部装饰中，给读者带来全新的触感与视觉体验。

1）布料类

在书籍设计中，布料是使用得较为广泛的一种特殊书籍材料。布料主要包括棉、麻、人造纤维、绸缎等。

布料的使用主要根据书籍的内容与性质来选择。例如，绸缎具有光滑平顺的特点，多用于高档书籍、精美画册，以显示其高雅贵重。棉织品以平纹布、绒布使用居多，可用于书籍内部的一些点缀与装饰。

人造纤维与天然织料相比，更加耐磨、耐用，可以更长时间地保存书籍。

书籍的封面使用织物较多，一方面，可以选择色彩庄重的织物，以显得典雅大方；另一方面，可以选择质感粗糙但朴素庄重的麻织品，如油画布这样的材料来表现特殊的画面。有的书籍设计采用薄纱作为扉页或其中的版面，透过薄纱可以看到下一页的文字或插图；轻轻地翻动薄纱，就产生了唯美的视觉场景。从封套来看，纺织材料的运用已经相当普及，设计师根据设计思想来选择不同的纺织材料：是粗麻纺织的朴素无华，还是羊毛纤维的柔软温馨。从装订方式分析，有些书籍为了体现复古、简朴的风格，书籍设计会采用线装的装订形式，并将线改为麻线，使风格更加统一。纺织材料在形态上的运用是多种多样的，从局部到整体、从平面到立体，都可展现出它的独特性与唯一性（图6–1）。

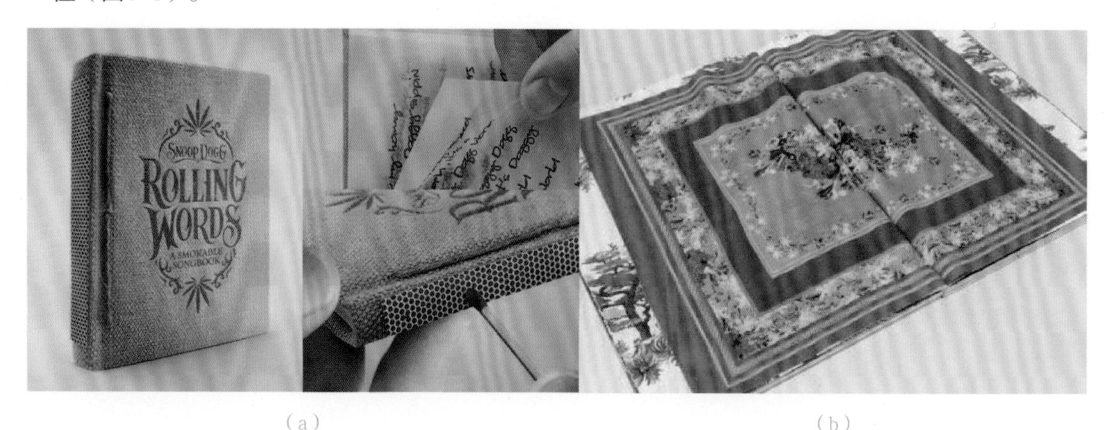

（a）　（b）

图6-1

2）皮革类

皮革具有其特殊的纹路与色泽，现举例如下。

牛皮：牛皮革质较坚硬，分黄牛皮革和水牛皮革两种。黄牛皮毛孔细小，呈圆形，分布均匀而紧密，革面细腻光滑、有光泽，手感坚实而有弹性。水牛皮表面凹凸不平，革面粗糙，毛孔比黄牛皮粗大、稀少，质地较黄牛皮松弛。

羊皮：以山羊皮为最好。山羊皮毛孔呈扁形并以鱼鳞状排列，手感柔和而富有弹性，光泽自然。羊皮和猪皮一样能制成光面和绒面两种，但以光面为主。

猪皮：猪皮革毛孔粗大，每3个孔并列成一组，呈三角形排列，每组相隔较远。猪皮革皮面不平整、粗糙，目前，有的空军服就是用的猪皮革来制作。这种皮革经皱缩处理后，外观和羊皮一样，柔软而富有弹性，由于皱缩的缘故，粗大的毛孔几乎看不见，只有拉平才能隐约见到毛孔的三角形排列现象。这种皮革较为经济实惠。

鹿皮：是生产绒面革的优质原料。

马皮：马皮革表面毛孔呈椭圆形，毛孔比羊皮、黄牛皮毛孔大，排列有规律，革制细致柔软。

皮料的特点使得它在各种书籍材料中脱颖而出，体现出不同的艺术特征。

书籍使用皮料和使用其他材料相比，价格相对昂贵，加工也相对困难。但是，人造革的使用能够解决以上问题，同时还具备皮革的纹理与色泽。另外，人造革更加耐磨，可以擦洗。通过纸张、木板、牛皮、金属以及印刷雕刻等工艺，可以演绎出一本全新形态的书籍，尤其在不同质感的木板和皮革封面上雕出细腻的文字和图像，更是别出心裁、趣味盎然（图6–2）。

图6–2

3）塑料类

塑料封面材料，指不加任何涂料的一种以合成树脂为主要成分，加上一些填料、增塑剂、染料等，在一定温度与压力的条件下，塑制成具有一定形状并在常温下保持形状不变的材料。

书籍设计中最常用的塑料是PE聚乙烯和PVC聚氯乙烯。塑料可塑性强，热压后可以直接做封面使用，也可用于覆膜、烫印工艺，加工方便、价格便宜。

聚乙烯塑料薄膜有两种：一种是吹塑薄膜，另一种是挤出压延薄膜。如果将塑料挤压在纸基上，便可生产出复合薄膜。

装订常用的塑料封面是热压成型的，如塑料软面日记本、学生小字典、工作证等的塑料封面。

这种塑料封面的封二上有一个兜，装订时将书芯的硬衬插在兜内。这种装订方法称为硬衬活套精装，也称简易精装。

在书籍封面中，聚氯乙烯塑料使用较多。它具有使用广泛、可塑性强的特点，经过不同的加工方法，可制造出覆膜料、复合料、涂布料等各种形式的封面材料。

塑料也有它自己独特的魅力，如使用了塑料类的书籍封面加上蓝色烫印字体，塑料柔软的质地与半透明的朦胧感能为书籍增加神秘感与独特的艺术气息。

4）木材、竹材类

在我国早期，书籍就是把木材或竹材作为载体材料，因此木材和竹材在现代书籍设计中作为一种复古的表现形式，能使书籍有一种文化底蕴，并且视觉冲击力非常强。例如，使用了木材和竹材的书籍具有厚重感，能够很好地表现历史感，并且木材和竹材的肌理在书籍设计中具有较强的表现力（图6–3、图6–4）。

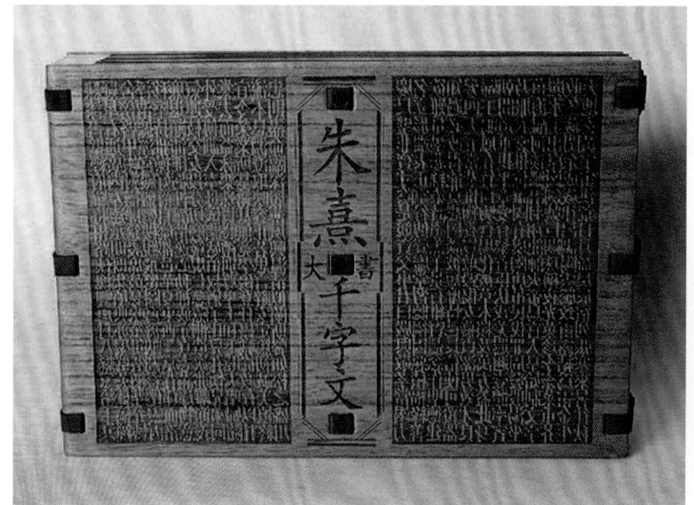

图6–3

图6–4

6.2 书籍的立体化研究

立体化的书籍设计能让书籍更加生动有趣，它脱离了传统的书籍表现形式，使人产生强烈的视觉冲击感，并且能与读者产生互动。现代艺术表现丰富多样，传统的书籍被电子书等现代科技载体强烈地冲击着。在这样的情况下，传统书籍需要进行多样的表现与尝试，而立体书籍则是很好的表达形式。书籍的立体化表现可以在书籍的任何结构上进行，封面、内页、勒口等都是进行立体表现的载体。现代书籍设计师也在立体书籍上进行了多种的表现与尝试。特别是在儿童书籍的设计中，根据儿童的心理设计出立体的表现，能够吸引儿童去阅读。例如，国外设计师Robert Sabuda设计的儿童书籍，典雅的插图配上炫丽的立体表现，创意加倍，给人留下深刻印象。

在把平面绘图转化成弹跳创意立体书的过程中，Robert Sabuda通过他绝妙的纸艺设计，让书页打开的每一刻都更加精彩（图6–5、图6–6）。

ROBERT SABUDA
ROBERT SABUDA
Beauty & the Beast
A POP-UP BOOK of the CLASSIC FAIRY TALE
Beauty & the Beast

（a）　　　　　　　　　　　　（b）

（c）

图6-5

（a）　（b）

（c）　（d）

图6-6

6.3　书籍的前瞻性研究

受到科技进步的影响，人们早已脱离必须手捧书籍进行阅读的习惯了。人们不再期盼书架上何时更新书籍，人们也在减少翻阅书籍的时间，人们的生活方式发生着翻天覆地的变化。同样，书籍设计也随着生活方式的改变而变化，进行着新的变革。

原本纸与书是天造地设的一对好搭档，但纸随着电子书的发展而被电子设备所取代。电子书籍以其方便携带、体积小、发行与存放方便而广受欢迎。除了传统的阅读之外，电子书籍还能够带来动态视觉上的享受和听觉上的感受，与传统书籍相比更加具有冲击力。同时，电子书籍生动而富于变化的内页版面弥补了传统书籍僵化的视觉表现形式，借助计算机显示书籍的材质、肌理等效果，使得更多的现代技术得以运用到书籍设计中。我们现在常见的形式是传统书籍搭配电子书籍，这样能将传统书籍中文字无法传达的效果表现出来。例如，计算机教程类书籍，黑白的印刷文字远不如光盘中的案例操作显得直接。但电子书籍还是存在一定的缺点，电子书籍的阅读必须借助于电子荧光屏设备，长时间观看容易引起眼部疲劳。因此，现代书籍设计应该在传统书籍与电子书籍之间进行互补，从而共同进步。

除了电子书籍的发展以外，还有新型材料的研发与运用，也使书籍变得生动有趣。例如，使用可随着温度变化发生反应的油墨，可以让书籍具有神秘感；运用具有香气的油墨，可以使书籍变得香气诱人；使用荧光与珠光墨水，可以让书籍变得活泼灵动。这些新型材料将书籍设计引入了一个新的领域（图6–7、图6–8）。

（a）

（b）

图6–7

在现今的书籍设计课堂上，教师应鼓励学生对书籍进行一些概念化设计。所谓概念化书籍设计，即是在书籍设计中进行一些探索性行为，启发学生的创造性思维，让他们突破传统的思维习惯、使用习惯、阅读习惯等。概念书籍为书籍设计提供多元化的方法，是未来书籍发展的一个方向。

概念书籍基于传统而又脱离传统的束缚，寻求对书籍内容的另一种新形态的表现。因此，书籍设计师需要摆脱传统模式，以独特的思路和创造性思维来传达文字信息与思想内容，体现书籍的个性。例如，作家Stijn Vanderhaeghe和设计师Tim Bisschop合作设计的*Het Zilte Westen*，重新定义了书和文字的关系。打开书本的瞬间有立体纸雕字树的惊喜，使人感受到文字的生长（图6–8）。

在课堂教学与实践教学环节中，学生们对概念书籍设计的兴趣是比较浓厚的，后面的章节会介绍到学生的一些作品。有些学生对书籍材料的概念进行尝试，有些学生对书籍结构的概念进行尝试，虽然有些作品并不成熟，只是一些想法或尝试，但非常珍贵，思想的碰撞带来的小火花或许在将来能够形成“燎原之势”。例如，《灰姑娘》这本书籍设计为探索立体与光影的表现效果，对书籍的装订形式进行全新的表现，使书籍能够围合成柱体，每一个页面都是一个情节的展现，展示效果非常棒（图6–9）。

（a）　　　　（b）

（c）

图6–8

（a）　　　　（b）

图6–9

7 课程实录

本章会记录课堂上学生一些作品的创作过程，他们当时的想法、他们的尝试、他们的实验，对于学生来说都是不可多得的体验。本章在真实展现课堂情景的同时，希望能够启迪更多的艺术设计专业学生参与书籍设计。在第一环节的选题讨论中会让学生们对自己的主题进行一些思考，由老师进行点评；第二环节为制作过程环节；最后为成品展示环节。

7.1 选题讨论

7.1.1 《我们》 王虹

1）选择这个主题对你的意义是什么？

王虹：选择友情这个主题，对我而言朋友就是不需要太多的话，哪怕不说话也不会觉得尴尬，只需要一个眼神或者一个动作，就会让他（她）把所有不能向家人、男朋友说的，高兴或者悲伤的事都和你娓娓道来。我觉得友谊就是能够把自己的后背交给对方，没有什么顾虑。真正的朋友不一定会与你共荣耀，当你成功时，她会退居身后默默地祝福你。她会感觉同样光荣，而绝对不会嫉妒你。

读大学的我们形影不离，相互安慰鼓励，一起生活。身边的人来了又走，彼此都很庆幸，现在身边的人，还是最初的人。如此美好的经历，有太多美好的回忆与情谊值得记录与感悟，更值得我们珍惜。所以，选择友情这个主题对我们而言意义重大。

2）书籍的整体形态是如何计划与设计的？

因为是与友情有关的主题，所以我们选择方形大小开本、线装的形式，内容主要以卡通形式呈现，分4个部分。从我们相遇到相处以及出现矛盾，到后来出现“和事佬”来撮合我们和好这样4个部分，讲述我们日常生活中的一些趣事，也有设计者想象的部分以及留有悬念的设计。内页的设计有镂空、粘贴等。内页也夹杂着硫酸纸，且选用以较厚的珠光纸张为主来进行设计，以增加形式感以及设计感。该书籍也选择了俏皮可爱的字体，契合轻松愉快的主题。

3）如何通过书籍形态表达书籍内容？

通过选择一种俏皮可爱的字体以及字体颜色的变化来表达人物情感的变化，通过卡通化的生活场景再现、明快的暖色调来表达友情的主题，这是非常合适的。选择较厚的珠光纸张说明友情的坚固，镂空的使用让内容和形式能更好地契合起来。比如制作争吵，我们就选择黑色来烘托氛围，将纸张撕开来表现关系的破裂。

4）如何把握书籍色彩？

因为是友情的主题，故而选用暖色调，特别是清新明快一点的色彩，如用米黄色来搭配有小面积的淡蓝色。这样的色彩搭配比较和谐，色彩丰富又有变化，更契合卡通主题。还通过一些字体颜色的深浅变化来契合主题。

5）如何选择书籍材质？

选择较厚的珠光纸张来表达友情的坚固，让书籍格调更高，也更出效果。配合使用硫酸纸，它纸质纯净、强度高、透明好，能增强纸张的变化感。

［教师评语］该同学的选题是非常有意义的，朋友的陪伴对每个人都非常重要，设计这本书对青春是一种很好的回忆方式。在书籍的形态表达上，符合主题内容，通过书页的翻页来表达当时的感情情况，将书籍的内容和形态巧妙地结合起来，并且进行原创性的形象设计，使这本书更具有个性。

7.1.2 《向左走，向右走》 马馗

1）选择这个主题对你的意义是什么？

我非常喜欢几米的漫画，也喜欢几米通过漫画告诉我们的道理。《向左走，向右走》这本书的故事深深地打动了我，我希望对它进行再设计，以我自己的方式重新演绎这个故事。

2）书籍的整体形态是如何计划与设计的？

整本书籍我打算进行镂空的设计，因为书籍是一个立体的展现。我希望我的书籍能够带给读者不同的视觉感受，因此可能会忽略掉传统的阅读形式，对书籍的表现形式进行新的尝试。

3）如何通过书籍形态表达书籍内容？

因为故事是几米的漫画作品，我在尊重原著的基础上没有对故事进行改动，只是通过自己的想象再完善整个画面。我希望书籍能够有一些浪漫的气息，希望能够通过光源来展现书中美好浪漫的画面。

［教师评语］根据已有的内容进行设计是书籍设计中的一种方式。和自选主题进行设计不同，这样的选题要求设计师必须完全了解作品内容，体会作者传达的深层含义，在尊重原著的情况下进行设计，是一种更加容易受到束缚的设计方式。该同学能够在这样的束缚中去思考书籍的价值形式，确实为一个不错的想法。

7.1.3 《你好，再见》 吴秋颖

1）选择这个主题对你的意义是什么？

我是一个敏感的小孩，在我的成长过程中有很多事情让我印象深刻。我渴望友情，所以想做一本关于我青春的书籍。

2）书籍的整体形态是如何计划与设计的？

整个书籍设计使用自己原创的插画进行，在插画设计上我将自己设计成了一头大象，我的朋友们分别设计成了其他的动物形象。我们一起经历风雨，一起成长，最后分离，代表我的成长。

3）如何通过书籍形态表达书籍内容？

我在书籍封面的设计上选用木材。木材是一种非常自然的材料，我希望这个材料能够带来清新的感受，就如同我想传达的想法、我所经历的事情。我还会做一个木头的日历，表现我的时间概念；时间在流逝，我与我的朋友们都成长起来。书中的插画都是我自己的原创设计，具有自己的个性。

［教师评语］该同学是个非常可爱的孩子，她为自己设计的小象形象非常贴切。原创的插画为书籍带来很好的体验，使阅读变得生动有趣，画面感非常强。木材的选用以及时间概念的设计，都为这本书带来不同的阅读感受。

7.1.4 《爱丽丝梦游仙境》 郭潇

1）选择这样的主题具有什么意义是什么？

从小我就喜欢这个童话故事，并且这个童话故事中的元素非常多，兔子、人物、森林等，整本书籍做出来的感受应该是非常好的。所以，我选择这个故事作为我书籍的内容，然后进行书籍设计。

2）书籍整体形态的规划是什么？

书籍的开本不大，有10 cm × 15 cm大小，我打算使用胶装的形式进行装订。书籍里面的内容为文字配合插画，插画为我自己手绘，以增加个性感受。

3）如何选择书籍材质？

材质上使用皮革，内页的纸张使用牛皮纸，做出复古的感受。在这个故事里时间的概念很重

要，因此我提炼出一个齿轮的元素，以此代表时间。

4）书籍的内容与形态的关系是什么？

我的这本书在形态上并没有太多的创新，因为还是打算能够让人进行常规的阅读。这本书的创新之处主要体现在书籍的材料、版式及原创的插画上。

［教师评语］该同学的书籍设计内容虽然不是原创，但对整个书籍的规划、设计及插画的设计都是原创的，具有自己对《爱丽丝梦游仙境》这个故事的自我解读。书籍在材料的使用上进行了一定的尝试，对元素的选择也非常到位。齿轮作为钟表的组成零件，来象征时间的概念非常合适，并且这个元素也可以在书籍后面的设计中得到运用。

7.1.5 《京剧》 向彩玲

1）选择这个主题对你的意义是什么？

京剧是我国的传统艺术形式，但现代人接触得比较少，而中国的传统艺术又需要进行推广与延伸。因此，我选择这个题目来进行我的书籍设计。

2）书籍整体形态的规划是什么？

整套书籍我打算设计三本书，每本书都有自己的特点，一本在装帧方式上；一本具有音乐效果，打开能够听到播放京剧；一本在视觉上营造个性。

3）如何选择书籍材质？

这一系列书籍我还是以最原始的纸材来呈现。我想做得更纯粹些，因此，没有使用其他材料。

4）书籍的内容与形态的关系是什么？

书籍的内容是京剧，所以在书籍形态上注重京剧脸谱的使用，封面采用异型的表达方式，让内容与书籍更加具有联系性。

［教师评语］该同学的选题内容虽然不是非常特别，但在书籍整体表现上却非常用心，特别是对书籍“五感”的探索、声音的表现，都是该书的精彩之处。

7.1.6 《Sisterhood》 邹明星

1）选择这个主题对你的意义是什么？

①每个人的生活都不一样，构成生活的元素也不尽相同。这次我选择的是在我的生命中非常重要的一个元素——血缘亲情之姐妹情深。同胞的姐妹很多人都有，但在我们的世界里，我们姐妹是最特别、最美好的。对于我们来说，我们的幼年时期、童年时期、青年时期都是弥足珍贵的。之所以会选择这一主题，主要是想以这样的方式来记录下我们之间共同拥有的成长与美好的时光。我希望将这些美好的记忆永远留在我们的心间，不要被时间覆盖与磨灭。

②妹妹今年马上就要高考了，也快到她18岁的生日了，想送她一份特别且有意义的礼物，也鼓励一下她。选择这一主题，我也想把我脑海中那些美好的记忆与她分享，让我们人生这一阶段的记忆永远地留在我们的心里。

2）书籍整体形态的规划是什么

整本书选择的是15 cm × 17 cm接近方形的开本设计。装订形式则是用的活页环装，选择这种方式能更方便、更合理地与书籍内页的安排相配合。书籍内使用了大量的图片和手绘作品去构成整本书，也运用了纯手写的汉字形式和一些立体的元素去表现整本书的风格，让这本亲情主题的书更加温暖。整本书做了许多细节方面的东西，比如，每个章节都运用了镂空的设计，使书籍的层次更加丰富。

3）如何选择书籍材质？

因为整本书都是一种清新的风格，主要表达"清新、大方、温暖"的主题，并且整本书都采用了纯手写字，所以在内页上选择使用哑粉纸来制作，更为方便、合适。封面则是以珠光纸为底来设计的，封面还结合了纸板来制作，使其更加精美。书籍内页运用了毛线的材质来制作出立体的感觉，还使用了磨砂膜来增加书籍梦幻的感觉。因为毛线给人一种温暖的感觉，所以还采用了毛线材质作为书籍的封套，让姐妹之间温暖的感觉更加浓烈。

4）书籍的内容与形态的关系是什么？

书籍在形态与内容上有着紧密相连的关系。整本书在形态上充分地配合了书籍的内容，将书中关于记忆的内容在书籍的形式上做成实际的东西，使书籍的内容与书籍的形式相互衬托，使书籍更具情感性。

［教师评语］这个作品体现了该同学对亲情的感悟，心思细腻，并且结合自己所长对书籍的材质进行尝试，整体规划明确，书中充满了温情。内页版式的设计、书籍材料的运用都紧密地围绕着主题进行。

7.1.7 《灰姑娘》 杜义蓉

1）选择这样的主题对你而言意义在哪里？

我选择的主题是童话故事——《灰姑娘》。儿童读物一直都在图书市场中占有一席之地，而且儿童读物大多是以图片为主，色彩鲜艳。这样的形式虽然容易被孩子接受，但却少了互动感。我认为，相对于图画书而言，动画片更易被孩子们接受。要是有一本书既能在视觉上满足儿童的特性，又能进行简单的交互，那么更容易被儿童接受。我小时候看小人书发现这些书情节长、文字多，而自己认识的字又少，很多都看不懂，要是能把大家熟知的故事进行压缩，但又能让人看懂就好了。于是，我就选择了这个主题，解决小时候的困扰。

2）书籍的整体形态是如何计划与设计的？

我将该书设计成正方形，大小是14.5 cm × 14.5 cm，这样的形状小巧可爱、便于儿童阅读，也比较适合童话故事这类内容。我运用了胶装的方式，但整个胶装是自己动手制作，所以并不像一般市面上的胶装书，而是可进行360° 的开合。我用雕刻的方式将故事内容压缩成一幅幅图案，可将书围成走马灯的形式，像看动画片一样去看书的内容；也可用灯光照射书中的内容，看投在墙上的剪影。

3）书籍色彩如何把握？

《灰姑娘》本身就是一个纯洁美好的爱情故事，所以我选择了白色。整本书都是白色的，通过雕刻画面来讲述故事内容。

4）书籍材质如何选择？

整本书都运用了白色的珠光卡纸。因要在纸上进行雕刻，然后做投影，这样的用纸不宜太薄，故我选用的珠光卡纸有一定的厚度。珠光卡纸上带有珠光，这种亮晶晶的材质既对儿童有一定的吸引力，又使纸张不会显得太白。

5）书籍内容与书籍形态是怎样的一种关系？

我设计的书籍并没有文字，是通过雕刻的形式将《灰姑娘》这一童话故事压缩成一幅幅图案，故事不会太长，只是一个片段。将书完全打开，形成走马灯的形式，能够更清晰地看完整个故事内容；也可像放映机一般，将故事投影在墙上。因此，我认为它很好地将书籍内容与形态紧密地结合在了一起。

6）这本书籍的创新性在哪里？

市面上的童话书都是以漂亮的图片为主，很少考虑与儿童读者的交互性；还有一些童话书的故事内容冗长，看起来很繁复。该书的创新性就是将书的内容压缩成一幅幅雕刻的图案，将故事内容适当地减少。孩子可以像看幻灯片一样看书中的内容，书中的内容也可以很好地与儿童进行互动，增加了趣味性，让看书变成了一件有意思的事情。

［教师评语］书籍是一个立体的东西，除了传统的阅读方式以外，书籍还应该带来更多的体验。这本书在书籍形态与阅读使用习惯上打破常规，将书籍当成装置品来进行表达。书籍采用雕刻形式确实是一次不同寻常的尝试与探索，走马灯式的观看形式也非常具有创意。

7.1.8 《阳光姐妹淘》 霍炜露

1）选择这样的主题对你而言意义在哪里？

我做的这本书书名是《阳光姐妹淘》，《阳光姐妹淘》是韩国的一部关于友谊、青春的电影。当时看这部电影只是自己觉得无聊。《阳光姐妹淘》这部电影没有一般青春电影中堕胎、小三夺位、出车祸、失忆的烂俗套。在看这部电影的时候，我感觉其中的情节和人物设定得恰到好处，电影的情节也戳中人心。这部电影我是又哭又笑地看完的。电影里她们的友谊让人羡慕，长大以后的她们在这个现实的社会中的无可奈何，让人看了深思也让人心疼。看完这部电影后，我推荐给周围的人看，他们看了也大赞这部电影。

作业布置下来的时候我就定好要做关于电影的主题，第一个想到的也是做《阳光姐妹淘》。但是，第二天就放弃了，我怕自己做不好这部电影。换了一个题目后，资料都找好了，我又犹豫了。因为太喜欢《阳光姐妹淘》这部电影，不想放弃。考虑了好久，还是决定做关于《阳光姐妹淘》这部电影的书籍，不管做不做得好，用心就好。

2）书籍的整体形态是如何计划与设计的？

这本书外部形态就像正常的自传小说。我没有选择太复杂的形态，复杂不适合这部电影。封面没有花哨的图案，只有“阳光姐妹淘”这几个字。我想的是，让人们记住“阳光姐妹淘”这几个字。

书的内容分为电影介绍、时光换位、人物介绍、电影情节4个部分。电影情节和人物介绍部分我没有直接使用Photoshop把图片编辑到页面上，而是采用了照片叠加的形式来呈现。

3）如何选择书籍色彩？

这本书以藏蓝色搭配白色，包括粘贴图片的背景也采用了蓝色的纸。相较于复杂花哨的书籍，我个人比较喜欢干净大气或者精致的书，我不够心灵手巧，所以选择了前者。因为选精致花哨风格的话我怕最后书做得一塌糊涂，得不偿失。

4）如何选择书籍材质？

在书的封面和内页上我选择了有横竖纹理的白色特殊纸，由于这种纸作为封面有点薄，我在背面粘贴了一张同样有纹理的藏蓝色的特殊纸，环衬页和衬托图片纸采用的是藏蓝色薄型自然羽毛形特殊纸。最后素描图片采用的是牛皮纸。在扉页前用了一张透明珠光纸。

5）书籍内容与书籍形态是怎样的一种关系？

这部电影就是关于青春、友谊的。但是，这部电影的内涵和意义还是比较沉重与耐人寻思的。书籍在形态上干净又不失沉稳，和这部电影比较搭配。

6）这本书籍的创新性在哪里？

我做的这本书的创新性有，没有把图片普通地直接使用Photoshop编辑在页码上，而是把图片剪下来贴在蓝色特殊纸上，以照片的形式夹叠在竖立的有关内容里，可以和页码一样翻阅。

在整本书编辑完了以后，在最后一页，我做了一个类似布袋的夹袋，把有女主的素描画打印在牛皮纸上，放进了这个夹袋内。

这本书的腰封没有按常规腰封做，而是做成蝴蝶结加系带形式，使这本书整体看上去像一份礼物。

我做了3个书签，一个像雪糕样式的插在书内，把这部电影的英文名字用镂空手法做出来。第二个也是同样的手法，不过不是雪糕样式，我在底部加了麻绳。最后一个和前两个形态完全不一样，而是“sunny”这个英文单词镂空出来夹在书的上面或右面，夹上以后就会感觉“sunny”这个英文单词是镶在书上的。

［教师评语］该书籍设计是在电影的基础上进行的。设计时要充分了解电影内容，了解影片传达的信息。受到原有内容的限制，“带着镣铐跳舞”就是对这种情况的形容，对学生来说也是一次挑战。

7.1.9 《朋游》 黄敏

1）这本书的主题意义是什么？

《朋游》这本书写的是我和闺密们最近一次去云南的旅行，选择做这本书是想换一种方式记录这次旅途中看到的美丽风景和遇到的不同的人。很多风景都给我们带来了极大的震撼，通透的蓝天、明亮的繁星，这是现在在很多地方都无法看见的。还有那么多给我们带来温暖的陌生人，在大理客栈，小伙伴们带我们去吃当地的米线、逛大理古镇、游洱海、陪我们去爬苍山，丽江老板给我们烤土豆、调酒。我们彼此之前都不认识但却能如此温暖地相处，而在身边的人，有时却会冷漠或有恶意。旅游有时并不是为了风景地，旅途中遇到的人才是美好的收获。

2）书籍的整体形态是如何计划与设计的？

这本书的尺寸选择的是19 cm × 21 cm大小，近似正方形。封面大小选择的21 cm × 21 cm正方形。装订方式为打孔线装，选择七彩线。书籍内容结构少量用镂空、移动和线缝形式。

3）如何选择书籍色彩？

《朋游》是一本关于友谊和旅游收获的书，所以在书籍颜色的选择上偏向活泼青春的色彩。整本书内页是水彩纹渐变七彩色，色彩明度较高；封面选择的是白色。

4）如何选择书籍材质？

内页纸张选择的是珠光纸和两种硫酸纸，封面纸张选择的是布纹纸。

书籍内容与书籍形态的关系如下。

书的扉页为朋友6人，分下、中、上3个部分，下面是底，中间切半做个口袋，然后放上剪切好的6张单人书签，让扉页变成可抽取的书签。序是用珠光硫酸纸打印出来，再放在扉页中间，让序和扉页成为一个整体。海底生活内容用的是镂空手法，下面是洱海的景色，翻过来就是海底生活最有标志性的景色。丽江老板用的是硫酸纸叠加，底页是整个躯体没有头部，因为开始对老板是充满期待的（听说很帅），硫酸纸页面是整个老板的形象。烧烤部分用了镂空手法和硫酸纸，可上下移动。下页是烤架，后面是镂空，里面放肉，翻过来肉就在烤架上，硫酸纸往下移就是土豆。我们实际上烤的是土豆，期待和现实是有距离的。书中有些地方会用彩色线缝的方式，与本书想传达的主题和装订方式相呼应。文字编排上提取了插画里元素的轮廓，把文字排成不同的形状。本书用的是彩色线装，因为旅行就是一条条的路线，人与人的关系也是一条条看不见的线。用彩色的线是因为觉得旅行和与人的交往本身就是一件美妙的事情，让人愉悦。

5）书籍创意性如何？

书籍内容中的人物形象是自己原创手绘的我和闺密6人，里面的每张风景插图都是我们旅行中拍的照片，然后自己手绘出来的。文字内容也是自己写的，加以使用有颜色的文字，更加符合朋友和我的性格。内页有些地方会有彩线缝制。页码颜色为彩色渐变，从侧面组成了一个桃心的外形。整本书从侧面看是彩色渐变，线的选择也是彩色的，整个线装也做成彩色渐变。

[教师评语]该同学十分擅长手绘，将自己的一次旅行用手绘的形式表达出来，风格轻松自然。全书采用不同的色彩表达不同的内容，用彩色贯穿全书也是该书的一个亮点。

电子稿件

参考文献

[1] 吕敬人.吕敬人书籍设计[M].北京：高等教育出版社，2012.
[2] 吕敬人.在书籍设计时空中畅游[M].南昌：百花洲文艺出版社，2006.
[3] 周冬梅.书籍设计[M].北京：清华大学出版社，2014.
[4] 周靖明.书籍设计[M].重庆：重庆大学出版社，2007.
[5] 里弗斯.优设计：书籍创意装帧设计[M].苑蓉，译.北京：电子工业出版社，2011.
[6] 邓中和.书籍装帧：创意设计[M].北京：中国青年出版社，2004.
[7] 阎鹤.书籍设计多维度空间形态的表现研究[J].包装工程，2015（1）.
[8] 张珂.互动理念在书籍设计中的应用研究[D].昆明:昆明理工大学，2014.
[9] 李晨.儿童书籍设计的趣味性研究[D].武汉:湖北工业大学，2013.
[10] 王雨.民国时期书籍设计风格研究[D].苏州:苏州大学，2015.
[11] 舒倩.书籍形态中的翻阅设计[D].北京:中央美术学院，2006.
[12] 徐洁.探索中国书籍设计的创意理念[D].北京:中央民族大学，2007.
[13] 尹国军.高翔网络媒体时代的书籍感官体验设计教学探索[J].装饰，2016（11）.

后　记/ AFTERWORD

在整本书的编写过程中，我经历了许多。在完成这本书的时候，很多为本书提供案例的同学都已经毕业离开，感谢他们在课堂中的大胆表现和创意发挥，为这本书带来了很好的案例。在每次的“书籍设计”课程中，我非常在意学生们创作中的各种思维火花，哪怕是极为微小的火星。但星星之火可以燎原，最终好的创意往往来自这些小火苗。同学们在课程中体会书籍带来的愉悦，体验材料赋予的感受，享受视觉变化带来的冲击。在“书籍设计”课堂中，同学们应该是愉快的、自由的、大胆的，我很高兴我的学生能够体会到这些体验。

同时，我还要感谢支持我完成这本书的学院领导以及重庆大学出版社的编辑们，谢谢你们给予我的帮助。

编　者

2018年4月